PETIT TRAITÉ

DE LA

CULTURE DES PLANTES

DANS LES APPARTEMENTS

DÉDIÉ

AUX DAMES PATRONESSES

DE LA SOCIÉTÉ D'HORTICULTURE DU BAS-RHIN

PAR

MM. V. M. ET V. N.

STRASBOURG

TYPOGRAPHIE DE G. SILBERMANN.

1866

PETIT TRAITÉ

DE LA

CULTURE DES PLANTES

DANS LES APPARTEMENTS.

PETIT TRAITÉ

DE LA

CULTURE DES PLANTES

DANS LES APPARTEMENTS

DÉDIÉ

AUX DAMES PATRONESSES

DE LA SOCIÉTÉ D'HORTICULTURE DU BAS-RHIN

PAR

MM. V. M. ET V. N.

STRASBOURG

TYPOGRAPHIE DE G. SILBERMANN.

1866

DÉDICACE.

Un poëte allemand du siècle dernier disait que si la femme n'existait pas, il n'y aurait pas de fleurs sur la terre.

Cette pensée aussi gracieuse que profonde ne contient-elle pas l'explication de son goût si prononcé pour le monde des fleurs?

Aussi nous ne saurions mieux dédier ce petit traité qu'à celles dont la bienveillance n'a cessé d'accorder à ce culte charmant une protection aussi aimable que désintéressée.

Nous venons donc recommander notre opuscule à leur amour pour ce monde enchanté, ne vivant, comme elles, que pour embellir ce qu'il touche. Leur approbation sera notre meilleur éloge.

PRÉFACE.

Privés, comme bien des amateurs, d'un petit coin de terre où nous puissions cultiver quelques fleurs favorites, nous avons cherché, à travers mille mécomptes, à créer autour de nous, sur nos fenêtres, dans nos appartements, le petit jardin aérien qui, pour nous, remplace les plus magnifiques plantations. Nos déceptions ne nous ont pas découragés, et nous avons cherché, en consultant les meilleurs maîtres, à trouver le mot de l'énigme qui nous arrêtait au seuil du temple.

Les pages qui suivent ne sont donc pas seulement le résumé de nos modestes essais. Nous avons encore cherché à les compléter en réunissant les études faites sur la même matière, en France, par Courtois-Gérard et Ed. André; en Angleterre, par Robert Fisch; en Allemagne, par les praticiens les plus compétents.

tels que Schröter, Heinemann, Haage et Schmidt d'Erfurt, et Hartwig de Weimar.

Puissent ces quelques lignes gagner quelques nouveaux adeptes à la science des fleurs, et nous nous croirons largement payés de nos efforts.

PETIT TRAITÉ

DE

LA CULTURE DES PLANTES

DANS LES APPARTEMENTS.

CHAPITRE PREMIER.

SOMMAIRE : *Où gît la difficulté ? — Conditions nécessaires à la vie organique. — Plantes de serre chaude. — Plantes de serre froide.*

La culture des plantes dans les appartements présente un problème des plus complexes à cause de la diversité des lieux où elle est tentée. L'amateur voit s'étioler et périr, malgré tous ses soins, ses plantes chéries. Le jardinier lui-même déclare qu'il n'est pas de tâche plus ingrate que celle de garnir de fleurs une habitation, et il regarde comme condamnées à une mort certaine toutes celles qu'il voit sortir de sa serre pour cet objet.

Ces plaintes sont-elles fondées ? Faut-il s'en prendre à l'ignorance seule de l'amateur, et n'aurait-on pas aussi quelques reproches à adresser aux horticulteurs qui ne craignent pas d'abuser de l'inexpérience de l'acheteur ? Combien ne vend-on pas de plantes sorties le matin même de la serre ou mises en pot de la veille ? Ici le remède est bien simple. N'achetez qu'à bonne enseigne; demandez vos plantes à un horticulteur dont la bonne foi vous soit connue; vous y trouverez, nous en sommes sûrs, non-seulement de bonnes plantes, mais encore de bons conseils, ce qui a aussi son prix.

Mais si tant de commençants sont découragés par ces mécomptes, il y a aussi un stimulant dans la réussite de tous ceux qui ont quelque persévérance. Combien pourrions-nous citer, dans notre ville, de fenêtres, sur lesquelles gazouille un oiseau favori au milieu du jardin aérien! Tantôt c'est le Lierre aux riches festons; tantôt la Girollée quarantaine; ici la gracieuse Campanule pyramidale; sur quelques-unes aussi fleurissent des Roses charmantes de port, de vigueur et d'éclat; des Azalées ruisselantes de riches couleurs, l'Hortensia bleu et rose et jusqu'aux magnifiques Amaryllis. Mais les succès ne sont pas partout les mêmes. Des *Begonia Rex* ont végété admirablement au rez-de-chaussée, tandis qu'ils ont dépéri rapidement au deuxième étage; là des Fuchsias placés sur une fenêtre qui ne recevait que deux heures de soleil par jour, ont donné la plus riche floraison, tandis que dans d'autres situations ils ont perdu tous leurs boutons et ont été dévorés par les insectes.

Quelles sont donc les conditions essentielles dans lesquelles on peut en général cultiver les fleurs dans les appartements? Nous allons essayer de les déduire des principes mêmes qui président à la vie organique de la plante, et nous chercherons ensuite, sur la trace des auteurs les plus compétents, à en faire l'application pratique.

Tout le monde connaît l'histoire de ce jeune indien,

fils des Incas, transporté de ses grands bois et de ses lacs aussi grands que des mers, sous le ciel pâle de Paris. On l'entoura de soins, on fit briller devant lui toutes les magnificences, et peut-être crut-on, par le spectacle de nos merveilles, effacer dans son cœur le souvenir ineffaçable de la patrie. L'enfant dépaysé devint sombre et pâle, et, quelque splendeur qu'on mit sous ses yeux, son âme tout entière resta constamment tournée vers cette douce et poignante vision intérieure retraçant à l'exilé l'image adorée de la patrie. Un jour, un seul jour, on put croire qu'il vivrait loin d'elle. Pendant qu'on lui faisait admirer les trésors amassés au Jardin-des-Plantes, il aperçut un jeune palmier. L'Indien bondit vers l'arbre qui seul dans la capitale du Monde lui rappelait son pays, et le tint longtemps embrassé, le visage baigné de larmes. Mais peu à peu le pauvre enfant s'étiola, et il mourut bientôt de nostalgie.

Une chose presque semblable se passe chez les fleurs que nous emprisonnons derrière nos fenêtres. Elles aussi sont filles du soleil et de la rosée; leur patrie est le tapis vert des mousses de la forêt; leur nourriture, le sol battu par tous les vents et embrasé par tous les feux du ciel; et le scarabée aux ailes d'or qui vole de l'une à l'autre, est le messager de leurs amours. Ce sont de pauvres exilées; elles nous donnent tous leurs parfums et toute leur beauté; donnons-leur aussi largement ce que Dieu nous prodigue avec tant de générosité. N'attendons pas, pour leur faire la grâce d'une petite place au jour et à l'air, qu'elles aient revêtu toute leur éclatante toilette, mais dès leur naissance donnons-leur tous les soins que nous donnerions à des enfans bien-aimés. Nous les verrons alors grandir près de nous, verdoyer, fleurir, devenir mères à leur tour, et, dans la douce paix du foyer domestique, elles nous aideront à soulever un des coins du voile sous lequel se cachent les divins secrets et à jeter un regard furtif sur le livre inénarrable de la vie universelle.

Il faut à tout végétal un certain degré de température, sans lequel, semblable à un être dépaysé, il ne peut développer ses parties constitutives. Qu'il soit soumis à une chaleur excessive, ou qu'on le fasse grelotter d'un excès de froid, il dépérira également, et comme la poitrine humaine souffre des extrêmes opposés d'une température à laquelle elle n'est pas habituée, de même la vie de la plante se trouble et s'arrête, et le jeu de ses organes ne reprend son mouvement régulier qu'à la faveur de la température qui lui convient.

La plante puise dans la terre et dans l'air les éléments nécessaires à l'entretien et au dévelopement de son organisme; mais comme la plupart de ces éléments se présentent sous une forme solide et soluble dans l'eau, il faut, pour que cette nourriture puisse être absorbée, l'aide d'un certain degré d'humidité qui se charge de les apporter aux organes d'absorption. L'eau, a dit M. de Liebig, n'est que le pont qui donne passage aux matières que la plante fait passer en elle. Que cette eau fasse défaut, la vie cesse; qu'elle soit trop abondante, il y a engorgement, indigestion, et ce trouble dans les organes a un contre-coup inévitable dans l'organisation tout entière.

Le plus indispensable des éléments de la vie végétative est l'air, et comme la plante isole les acides qu'elle a absorbés et qu'elle les exhale de nouveau par ses pores, comme, d'un autre côté, elle s'assimile les composés du carbone contenus dans l'atmosphère et comme, par ce double travail, l'air ambiant perd peu à peu ses qualités en changeant les proportions du mélange qui le constitue, il est indispensable, pour le but que nous proposons d'atteindre, de pourvoir à ce que l'air dans lequel vivent nos plantes soit sans cesse renouvelé, ou du moins maintenu dans des proportions normales.

La lumière est un agent non moins indispensable que la chaleur, l'air et l'humidité. C'est sous son action seule que peuvent s'accomplir les phénomènes de la coloration; son influence est directement nécessaire pour que les substances absorbées par les racines et les feuilles s'assimilent au corps de la plante; c'est par elle que les éléments assimilables sont séparés de ceux qui ne le sont pas. Que la lumière vienne à manquer, toute activité s'arrête; si elle est insuffisante, les organes ne fonctionnent que mollement; si elle est surabondante, dans certains cas, il en résulte un nouveau désordre.

Ces quatre éléments: *air*, *lumière*, *chaleur* et *humidité*, sont les éléments essentiels de la vie organique, sans compter le sol où vit la plante. Nous devrons donc donner au végétal, en toutes circonstances, tout ce que contiennent ces agents indispensables; il ne peut être privé complétement de l'un d'eux sans mourir.

Mais aussi nombreuses que sont les familles du règne végétal, aussi différents sont les besoins et les caractères de chacune d'elles, et ce serait folie que de vouloir les élever pêle-mêle dans le même milieu et de les soumettre au même régime. Il est un fait bien constaté par la science, c'est qu'aucune des plantes qui enrichissent notre globe ne s'accommode de ces quatre éléments en proportions égales, et même qu'il n'y a pas de végétation possible avec leur maximum d'effet. Ces agents vitaux se groupent généralement deux par deux; beaucoup de chaleur s'allie à une grande humidité, et beaucoup d'air à beaucoup de lumière. Où le premier groupe est nécessaire, le second peut n'exister qu'en proportion moindre, et *vice versa*, avec beaucoup d'air et de lumière il faut moins de chaleur et d'humidité. Ces deux milieux, l'un chaud, l'autre froid, font classer naturellement les plantes en deux grandes catégories, les plantes de serre chaude et tempérée et celles de serre froide, suivant qu'elles s'accommodent plus ou moins de l'un ou l'autre couple des éléments que nous venons de citer.

Par le moyen des serres, les horticulteurs parviennent à donner à chaque catégorie le milieu qui lui convient; mais il n'est pas possible de faire de même dans nos appartements.

On pourra, il est vrai, produire une chaleur analogue à celle d'une serre chaude, mais il sera toujours impossible d'y joindre l'air humide qui est nécessaire aux plantes de cette catégorie. Les plantes de serre froide trouveront bien aussi dans nos appartements la quantité d'air et de lumière appropriée à leur nature, mais comment leur donner en hiver une température convenable? Celles de serre tempérée seront peut-être les plus propres à ce genre de culture, et sauront le mieux se contenter d'une chaleur moyenne, mais encore leur faut-il un certain degré d'humidité. A tous ces inconvénients vient se joindre l'ennemi commun de toute vie végétale et même animale, la poussière. Elle est l'agent destructeur par excellence de toutes nos plantes. Car même en parvenant à les faire jouir de toutes les autres conditions vitales, tout serait inutile si nous ne pouvions les préserver de ce fléau, qui, en obstruant leurs pores, les empêche de profiter de l'air et de la lumière, enfin de tous les agents de la vie.

Il s'agit donc, pour arriver à cultiver toute espèce de plante dans nos appartements, d'éloigner ce danger, non-seulement sans les priver des éléments actifs qui leur sont nécessaires, mais en leur donnant au contraire, en abondance, l'air, la lumière, la chaleur et cette bienfaisante humidité, selon leurs besoins.

Et nous remplissons ces conditions par la construction de deux appareils dont nous allons donner la description.

Nous nous empressons de prévenir nos lectrices que ces deux appareils, sans être bien coûteux, s'élèvent cependant à un prix qui effraie les bourses modestes, et que, d'un autre côté, ils ne peuvent trouver place que dans un salon spacieux. Mais nous manquerions complétement le but que nous nous sommes proposé si nous bornions là notre programme. Il est de modestes habitations où les fleurs sont aussi choyées que dans la plus élégante villa, où des cœurs simples se récréent de l'éducation de quelques fleurs choisies et bien aimées, où l'anniversaire impatiemment attendu d'une mère ou d'un aïeul augmente chaque année le jardinet de la fenêtre d'une plante nouvelle. A leurs propriétaires aussi nous avons réservé leur part ; ils trouveront à la suite des descriptions qui nous restent à faire, un petit traité qui leur est spécialement destiné. Les plantes dont nous parlerons sont peu nombreuses, mais leur culture peut du moins se faire sans l'appareil coûteux réservé au salon, et avec le secours des instruments les plus simples.

CHAPITRE II.

SOMMAIRE : *Plantes de serre chaude et tempérée. Conditions générales de leur culture. Appareil qui leur est propre. Plantes à recommander. — Plantes de serre froide.*

I. Plantes de serre chaude.

Le premier groupe dont nous avons à nous occuper, le plus difficile à cultiver dans nos habitations, est celui des plantes de serre chaude. Les conditions vitales qui lui sont indispensables, sont d'abord une proportion prédominante de chaleur et d'humidité, puis l'abondance de lumière, le renouvellement de l'air et l'éloignement complet de l'air sec et de la poussière des appartements.

On a construit depuis quelques années des appareils destinés à remplir ce but, mais en général ils ne l'atteignent qu'imparfaitement et privent même les plantes, soit de l'un, soit de l'autre des éléments tous également nécessaires, que nous venons de citer ; ils présentent en outre l'inconvénient uniforme d'un chauffage à l'esprit de vin, et ajoutent ainsi à leur prix déjà élevé, les frais d'un entretien coûteux.

Nous proposons donc à ce problème la solution suivante, que nous empruntons à un mémoire couronné par la Société d'horticulture de Leipzig :

Prenons un coffre en bois d'environ 1m,20 de longueur, sur 60 centimètres de largeur, couvrons-le d'une cage en verre d'environ 1^{m},20 d'élévation, munie sur une de ses faces de fenêtres mobiles ; donnons-lui un double fond de fer-blanc et remplissons celui-ci d'eau chaude que l'on pourra faire écouler et remplacer par d'autre quand elle sera refroidie. Telle est la base du système qui remplira toutes les conditions de notre programme, si toutes les douze heures nous avons soin de remplacer l'eau refroidie par de l'eau chaude.

Nous donnons par ce moyen à notre petite serre la chaleur nécessaire. Sur ce double-fond rempli d'eau bouillante, nous placerons, en ayant soin de protéger notre bouilloire contre une trop forte charge, un lit de charbon de bois, puis de sable fin, destiné à recevoir les pots de fleurs. Quelques bassinages donnés à ce sol nous donneront la tiède humidité dont nos plantes ont besoin. Il nous reste à ménager une ventilation destinée à renouveler l'air, sans introduire dans la serre, ni air froid ni poussière. Ce dernier article de notre programme sera rempli par un système de tubes en fer-blanc couchés dans le sable, avec une légère pente pour faciliter l'ascension de l'air, et munis de quatre cheminées qui émergent au-dessus du niveau du sable. L'air pénétrera ainsi dans l'appareil en s'échauffant dans le sol, et la ventilation pourra être établie, ralentie ou supprimée complétement au moyen d'un simple couvercle adapté à l'orifice du système.

Une petite lanterne en fer-blanc, munie de trous qui peuvent se fermer à volonté, sera placée au sommet de la vitrine, servira de cheminée d'appel et complétera le système de ventilation.

Les dimensions d'une caisse de ce genre peuvent être facilement augmentées ou diminuées ; la forme peut en être également modifiée selon le goût de chacun et selon l'endroit où elle doit être installée. Le principe peut en être adapté à toute espèce de forme. Les pots sont enterrés dans un sable blanc et fin dont on remplit le coffre jusqu'aux bords, à moins qu'on ne préfère remplir le coffre de terre et cultiver ses plantes en terre ; mais ce dernier mode ne convient qu'à celles d'une même famille et soumises aux mêmes procédés de culture, telles que les Fougères de serre chaude, les Dracænas et autres. Pour les plantes de culture différente, la culture en pots est préférable. Ce dernier mode facilite, du reste, bien mieux la réunion d'une collection de la même espèce et des changements dans toute la culture.

L'installation des plantes dans cette petite serre peut se faire d'après deux procédés, et dépend du reste, de la station qu'on lui assigne dans l'appartement.

Si la serre n'est vue que d'une face, on les disposera en gradins. On placera dans le fond les plantes les plus hautes, celles qui garnissent le mieux, soit des espèces touffues et à feuillage sombre, et on placera devant celles dont le feuillage plus clair ressortira gracieusement.

Si la serre peut être visitée sous toutes ses faces, on choisira une disposition qui aille en diminuant de tous côtés, sans cependant s'astreindre à un arrangement trop régulier, qui aurait un air raide et disgracieux. On prendra pour principe de placer au centre une plante principale, et on interrompra l'uniformité des faces au moyen de plantes isolées, d'un port un peu différent. Les plantes de serre chaude sont du reste très-propres à produire ces effets.

L'entretien d'une petite serre de ce genre exige une attention minutieuse. Il faut enlever soigneusement toutes les feuilles flétries, bassiner tous les jours fréquemment et le sable du fond et les plantes. On ne devra pour cela ouvrir les fenêtres de l'appareil que lorsque l'appartement aura été chauffé, nettoyé et épousseté.

Une serre pareille conviendra à toutes les plantes de serre chaude et de serre tempérée, tant qu'elles n'auront pas atteint de trop grandes dimensions. Les amateurs pourront y élever leurs espèces favorites et obtenir la végétation la plus vigoureuse; mais un mélange de plantes de serre chaude et de serre tempérée fera certainement le plus bel effet par la variété des couleurs et des formes et l'arrangement gracieux auquel elles se prêtent.

Parmi les plantes de serre chaude humide nous recommanderons les suivantes :

Alocasia argyroneura, *cuprea*, *metallica*. — *Aphelandra Leopoldii*. — *Astelia Banksii*. — *Caladium argyrites*, *Baraquinii*, *Belleymei*, *Chantinii*, *Gœrdtii*, *Houlletii*, *Laucheanum*, *marmoratum*, *Perrierii*, *picturatum*, *porphyroneuron*, *Schillerianum*, *violaceum*. — *Carludovica palmata*. — *Cinnamomum aromaticum*. — *Clavija latifolia*. — *Clerodendron splendens*. — *Clitoria elegans*. — *Coleus Blumei*, *Verschaffeltii*. — *Dieffenbachia Seguina picta*. — *Eugenia Brasiliensis*, *Ugni*. — *Gardenia*. — *Heliconia*. — *Isoloma longiflora*. — *Laurus Cinnamomum*. — *Maranta bicolor*, *eximia*, *flavescens*, *micans splendens*, *regalis*, *truncata*, *zebrina*. — *Melastoma*. — *Nepenthes destillatoria*. — *Panicum plicatum*. — *Philodendron hastatum*, *pinnatum*. — *Phrynium pumilum*, *setosum*, *spicatum*. — *Plectogyne variegata*. — *Saccharum officinale.* — *Thalia spectabilis.* — *Theophrasta latifolia, macrophylla.* — *Tradescantia.* — *Utrica macrophylla.*

Comme fleurs, un choix d'*Achimenes*, de *Gesneria*, de *Gloxinia* et de *Tydæa.*

Parmi les plantes de serre chaude sèche, nous pouvons citer :

Aralia. — *Ardisia crenata.* — *Begonia argyrostigma, Dregei, fuchsioides, incarnata, microphylla, Saundersi splendens, zebrina, Rex,* Mme Marie Fontaine, *virginalis, argentea, splendida argentea,* Mme Verschaffelt, Mme Wagner, *xanthina Reichenheimii, Queen Victoria,* Alexandre Humbolt, pleureuse, *stigmosa.* — *Brexia.* — *Charlwoodia congesta.* — *Clerodendron fragans.* — *Coffea arabica.* — *Columnea Schiedeana.* — *Cordyline indivisa, stricta vera.* — *Cyperus alternifolius* et *fol. variegatis.* — *Cyrtanthera magnifica.* — *Dracæna australis spectabilis, cannæfolia, congesta, ferrea, rubra, stricta, umbraculifera.* — *Ficus.* — *Fourcroya tuberosa.* — *Hedychium.* — *Hibiscus rosa sinensis.* — *Hoya peltata.* — *Jasminum Sambac.* — *Justicia carnea.* — *Musa Cavendishii.* — *Oreopanax.* — *Ruellia formosa.* — *Torenia asiatica.* — *Vinca alba, rosea.*

Les *Gloxinia, Achimenes, Gesneria* et *Tydæa* peuvent également trouver ici leur place.

Les plantes grimpantes les plus gracieuses pour garnir les côtés de la serre sont le *Cissus discolor* et la *Passiflora kermesina.*

De la famille des Fougères, les plus avantageuses sont :

Adiantum Capillus, concinnum, formosum, Moritzianum, pubescens, tenerum, trapeziforme. — *Aspidium trifoliatum, violascens.* — *Asplenium Belangerii, fur-*

catum, *Halleri*. — *Blechnum brasiliense*. — *Doodya rupestris*. — *Diplazium rubiginosum*, *striatum*. — *Gymnogramme chrysophylla*, *dealbata*, *gracilis*, *L'Herminieri*, *Laucheana*. — *Lycopodium cæsium arboreum*, *circinale*, *denticulatum*, *Hügelii*, *stoloniferum*, *Willdenowii*. — *Onychium japonicum*. — *Selaginella Apus*, *flabellata*, *Lobbii*, *tamariscina*.

Il est aussi quelques plantes de serre tempérée qui exigent en hiver une température de 10 à 12 degrés centigrades, ce sont :

Adenandra speciosa, *villosa*. — *Æschynanthus*. — *Aralia*. — *Banksia*. — *Bonapartea juncea*. — *Bouvardia*. — *Callistachys ovata*. — *Chamædorea*. — *Chamærops*. — *Clivia nobilis*. — *Conoclinium ianthinum*. — *Dasylirion*. — *Franciscea*. — *Gerontogea Deppeana*. — *Goldfussia*. — *Grevillea*. — *Gynerium argenteum*. — *Iris chinensis*. — *Laurus Camphora*. — *Phœnix dactylifera*. — *Protea*. — *Pultenæa*. — *Rhapis flabelliformis*. — *Rhopala*. — *Salvia cardinalis*. — *Siphocampylos*. — *Thea viridis*.

On peut y joindre sans inconvénient les plantes de serre chaude sèche telles que les Dracænas et les Bégonias.

Les amateurs d'Orchidées pourront facilement élever leurs favoris dans cet appareil et ménager un coup d'œil charmant au moyen de quelques troncs d'arbres et de corbeilles suspendues en fil de fer. Les meilleures espèces pour ce dernier mode de culture seront les *Stanhopea*, *Eria*, plusieurs *Epidendrum* et *Dendrobium*. Nous recommanderons spécialement pour la beauté de leurs fleurs : *Acropera*, *Bletia*, *Brassia*, *Cattleya*, *Cymbidium*, *Gongora*, *Lælia*, *Maxillaria*, *Oncidium*, *Sobralia*, *Vanda* etc.

Le même appareil peut encore servir à la culture des plantes aquatiques, mais dans ce cas on réduira la hauteur de la cage à 60 centimètres, et au lieu de sable, on mettra un fond solide de fer-blanc. On pourra alors élever dans ce bassin le *Limnocharis Humboldtii* et quelques espèces de *Nymphæa* et y tenir quelques poissons dorés, mais on devra s'arranger pour que l'eau se renouvelle sans cesse. Si l'on joint à cela quelques Aroïdées et quelques Fougères pour orner les bords, on obtiendra des effets charmants.

Cette même petite serre peut enfin servir à forcer pendant l'hiver toutes sortes de plantes. Il suffit pour cela, de la vider, sans cependant nuire à l'arrangement général, et de placer, entre les pots qui y sont déjà, ceux que l'on veut forcer. Les premières plantes à citer sont les Jacinthes, les Tulipes, les Narcisses, les Crocus, les Fritillaires, puis le Muguet, la Violette, et enfin des arbustes tels que le *Syringa*, *Kerria japonica*, *Deutzia scabra* et *gracilis*, *Spiræa prunifolia fl. pl.*, les Roses. Nous citerons parmi celle-ci : Géant des batailles, La Reine, Gloire de Dijon, *devoniensis*, Louise de Savoie, Lord Raglan, Souvenir de la Malmaison, Louise Odier, Victor Trouillard, Prince noir, Bouton des fleurs, Catherine Guillot, Auguste Mie, Dr Bretonneau, Étoile de Marie, Jules Margottin, Mme Schmidt, Boule d'or, Mme Furtado.

Les Camellias, les Azalées et les Rhododendrons y trouveront également leur place, et même quelques arbustes fruitiers, comme le Framboisier, le Fraisier et de petits Cerisiers.

II. Plantes de serre froide.

Les soins qu'exige ce groupe de plantes sont plus compatibles avec la température de nos appartements. Il leur faut moins de chaleur et d'humidité, mais par contre, plus d'air et de lumière. La base de l'appareil le plus convenable à la culture de ce groupe est la double fenêtre que l'on trouve en hiver dans la plupart des maisons des départements du Nord et de l'Est. Cette construction a besoin cependant de quelques modifications, si l'on veut espérer de sa culture quelques bons résultats. Ces modifications sont peu importantes. Il suffit de donner à la double fenêtre un supplément de profondeur d'environ 45 centimètres, de façon à avoir un espace libre entre les deux parois d'environ 75 centimètres. Le but de cette avance de 45 centimètres à l'extérieur est de laisser pénétrer à l'intérieur le plus de lumière qu'il sera possible. Les parois latérales devront être également vitrées, pour que le but soit atteint.

Ceci fait, on placera dans la croisée un coffre en bois de douves de 5 à 6 centimètres d'épaisseur, doublé de fer-blanc, et haut de 15 centimètres, et on le munira dans le fond d'un système de tuyaux en fer-blanc, qu'on pourra, pendant les froids rigoureux de l'hiver, remplir d'eau chaude. Ces tuyaux sont enterrés dans une couche de sable fin et protégés contre toute presssion par une espèce de grillage en bois supporté par des tenons. On se ménagera des moyens de ventilation à l'intérieur et à l'extérieur, et l'on munira sa petite serre d'un store de gaze ou de toile pour la préserver des rayons directs du soleil.

Comme nous l'avons dit plus haut, cet appareil n'est destiné qu'à des plantes de serre froide. On pourra cependant, pendant les mois d'été, y tenir des espèces de serre chaude sèche et de serre tempérée, et elles y réussiront parfaitement. Il est même préférable de s'en servir pour cet usage pendant l'été, et de mettre pendant ce temps en plein air les plantes qu'on y a tenues pendant l'hiver. On peut, dans ce cas, s'en servir pour élever des Dracænas et des Bégonias, et, comme ornement, les entremêler de Gloxinias, d'Achimènes et de Gesnerias quand ces plantes sont en fleurs.

On adoptera dans cette serre une disposition qui permette facilement d'en voir le contenu de l'intérieur de la chambre, et comme la lumière vient du dehors, on veillera à ce que les plantes les plus rapprochées de l'intérieur n'en soient pas trop privées. Il faut pour cela que la disposition aille en diminuant des parois latérales au centre où l'on placera de préférence les plantes les plus petites et les plus gracieuses. Le milieu de la serre pourra paraître un peu nu, mais il sera facile d'y remédier en y suspendant une lampe richement garnie, ou en y plaçant un sujet d'un port élevé, mais d'un feuillage léger. Le coup d'œil sera encore plus gracieux si l'on tapisse les parois de plantes grimpantes qui suspendent à la toiture leurs élégants festons. On visera surtout à une disposition pittoresque, le but de ces petites serres étant avant tout de servir d'ornement.

Les plantes de serre froide et d'orangerie les plus recommandables pour l'hiver, le printemps et l'automne sont : *Abelia floribunda*, quelques Acacias, entre autres l'*Acacia Lophantha*, *dealbata* et *pinifolia*; puis les plantes suivantes :

Aucuba. — *Azalea*. — *Bignonia capensis*. — *Callistemon*. — *Camellia*. — *Chorizema cordatum*, *rotundifolium*. — *Clianthus puniceus*. — *Correa alba*, *cardinalis*, *Harrisii*, *speciosa major*. — *Cuphea platycentra*, *strigulosa*. — *Cytisus recemosus*. — *Diosma*. — *Epacris*. — *Erica abietina*, *gracilis*, *vestita alba*, *Wilmoreana*. — *Escallonia floribunda*. — *Eugenia australis*. — *Fabiana imbricata*. — *Jasminum nudiflorum*, *odoratissimum*. — *Laurus nobilis*. — *Leptospermum*. — *Mahernia*. — *Melaleuca*. — *Metrosideros*. — *Mitraria coccinea*. — *Myrtus communis fl. pl.* — *Passerina filiformis*. — *Pimelea*. — *Polygala grandis*. — *Salvia*. — *Sollya heterophylla*. — *Veronica*. — *Viola arborea*.

Parmi les plantes grimpantes on pourra utiliser les suivantes :

Bignonia jasminifolia. — *Clematis azurea*, *Amalia*, *Helena*, *Louise*. — *Cobæa scandens*. — *Hedera Helix*. — *Jasminum officinale*. — *Kennedya*. — *Maurandia*. — *Passiflora cærulea*, *incarnata*. — *Senecio mikaniæformis*. — *Thunbergia*. — *Tropæolum Lobbianum*, *pentaphyllum*.

Les Fougères suivantes peuvent y trouver place : les *Acrostichum alcicorne*, *Asplenium flabellatum*, *Pteris longifolia* etc.

En été on peut employer comme décoration les Fuchsias, les Pelargoniums, les Lantanas, les Verveines. En automne et en hiver, le *Reseda*, les *Primula chinensis fl. pl.*, les Chrysanthèmes et toutes les plantes forcées. De cette façon la petite serre n'est jamais vide, et par son gracieux aspect elle fait facilement oublier aux habitants de la maison que l'hiver les a entourés d'une froide solitude et tient la nature prisonnière sous son sceptre de glace.

CHAPITRE III.

SOMMAIRE : *Culture dans les appartements. — Exposition. — Moyen d'éviter les gelées nocturnes. — Outils de jardinage. — Arrosement. — Destruction des insectes.*

Comme nous le disions plus haut, tout le monde n'a pas un salon spacieux, où des serres pareilles à celles que nous venons de décrire peuvent trouver leur place. Les fleurs doivent-elles à cause de cela être bannies des habitations plus modestes? Grâce à Dieu il n'en est pas ainsi, mais il ne faut pas croire qu'il suffit d'acheter au marché aux fleurs les espèces qui nous plaisent le plus et de les installer sur nos fenêtres. N'oublions pas qu'il leur faut l'air, la lumière et les autres éléments vitaux dans une mesure donnée. On devra donc choisir l'exposition, nous ne cessons de le répéter, de manière à ménager autant que possible ces conditions essentielles. Des fenêtres placées au sud-est ou sud-ouest devront avoir la préférence. Il sera bon aussi de pouvoir disposer pour la saison d'hiver d'une pièce claire et fraîche et non habitée toute la journée, mais où cependant il ne gèle pas. Il est, du reste, un moyen économique d'éviter les gelées, surtout les gelées nocturnes. Il suffit ordinairement, pourvu que le froid ne soit pas trop rigoureux, de placer sur la table où l'on tient ses fleurs, de distance en distance, des bouteilles ou des cruches de grès remplies d'eau bouillante. Cette précaution est ordinairement suffisante par les plus grands froids.

Les meilleurs pots sont les pots ordinaires en terre cuite; les vases en zinc ou porcelaine manquent de porosité et s'opposent à l'accès de l'air.

Les seuls instruments nécessaires sont un petit sarcloir à manche court, un greffoir, une petite truelle pour manipuler la terre des rempotements, et un petit arrosoir à pomme fine pour les bassinages. Une cloche pour faire les boutures sera d'un bon secours si l'on ne peut disposer d'une petite couche.

La terre devra en général être plus légère que celle destinée à la culture à l'air libre, afin d'éviter qu'elle s'aigrisse.

Les arrosements devront être modérés; il vaut mieux les répéter souvent que de les faire trop abondants.

Les pots devront être bien drainés, c'est-à-dire garnis au fond de tessons de vaisselle, de morceaux de charbon ou d'écailles d'huîtres. On fera bien de placer dans les soucoupes de petits morceaux de bois pour que l'air ait accès sous le pot et que celui-ci ne séjourne pas trop dans l'humidité. L'eau d'arrosage ne devra jamais être trop froide, mais plutôt être attiédie par un séjour de quelques heures au soleil. Elle peut même, en hiver, être chauffée jusqu'à 20 degrés. En général, l'eau doit avoir la température de l'air de l'appartement où se se trouvent les fleurs. On pourra de temps en temps arroser avec une eau dans laquelle on aura mis détremper des morceaux de cuir ou des râclures de corne ou encore fait dissoudre de la colle forte.

Évitez aussi de laisser vos plantes toujours tournées

sous la même face vers le jour, elles prendraient une position disgracieuse.

Préservez-les autant que possible de la poussière, et pour cela, nettoyez avec un petit instrument que l'on trouve chez les parfumeurs sous le nom de *the atmospheric odorator*. On obtient par son emploi un jet d'eau pulvérisée qui retombe sur les plantes en fine rosée et leur donne une salutaire humidité.

Veillez à enlever avec soin les feuilles mortes ou flétries et à détruire les insectes qui s'attachent volontiers aux plantes et les font rapidement dépérir. Le petit instrument que nous venons de citer vous sera très-utile à cet effet et vous permettra de poursuivre sans danger pour vos lèvres délicates ces ennemis, même ceux presque invisibles, au moyen d'un jet d'eau savonneuse, de benzine ou de jus de tabac.

Enfin, soignez vos plantes vous-même ; il n'est rien qui vaille l'œil du maître.

CHAPITRE IV.

SOMMAIRE : *Du semis, des boutures et de la greffe.*

Il nous reste encore, avant de passer à la culture détaillée des diverses espèces, à dire quelques mots des semis, de la bouture et de la greffe.

I. Le semis.

Le semis, tel qu'il est praticable dans l'horticulture de chambre, se réduit à quelques pincées de graines que l'on confie à la terre. Nous recommanderons cependant comme particulièrement simple et d'un usage facile, la méthode suivante :

Conservez les coquilles des œufs à la coque; faites au fond un petit trou de 2 à 3 millimètres à l'aide d'un morceau de bois pointu et remplissez ce petit vase de terre de bruyère ou de terreau bien fin.

Vous prenez ensuite une petite caisse en bois dont les bords auront de 10 à 12 centimètres de hauteur, et vous la remplissez à moitié de sable fin ou de sciure de bois dans lesquels vous enfoncez vos coquilles. Vous pouvez semer ainsi toutes vos graines en en mettant deux ou trois dans chaque coquille; vous arrosez légèrement et vous placez la caisse sur votre fenêtre en l'inclinant un peu du côté du soleil, après avoir mis deux petites calles en bois sous le bord postérieur. Couvrez avec un carreau de vitre, qui sera retenu par deux petites pointes pour l'empêcher de glisser.

Pour favoriser la germination, couvrez le verre d'une feuille de papier; puis donnez graduellement de la lumière quand les graines auront levé. Vous donnez alors peu à peu de l'air en soulevant le carreau à mesure que les plantes grandiront. Ayez toujours soin d'arracher celles qui paraîtraient faibles.

Quand vos plantes auront acquis une certaine force et que leur coquille sera devenue trop étroite, cassez celle-ci avec soin et placez la petite motte qu'elle contenait dans un pot bien drainé. Arrosez et mettez quelques jours à l'ombre.

Notre coquille nous servira encore pour repiquer de petits plans semés en terrines ou venus sur couches, et même à faire des boutures.

Pour aider à la germination de quelques graines difficiles à lever, vous pouvez prendre une caisse profonde de 40 centimètres au lieu de 12, et sous le lit de sable ou de sciure de bois, placer une couche de fumier chaud de 20 centimètres d'épaisseur.

II. Les boutures.

La pratique du bouturage repose sur la propriété qu'ont un grand nombre de plantes, de produire des racines sur une section d'une de leurs parties et de constituer ainsi une plante nouvelle. Une bouture est donc une partie de végétal détachée de la plante mère et mise en terre dans l'espoir qu'elle y pourra prendre racine.

Il faut, pour cela, qu'elle puisse vivre assez longtemps de sa propre énergie vitale, pour attendre le moment où ses jeunes racines lui apporteront une nourriture nouvelle. Si on laissse la bouture exposée à l'air, elle se dessèche et ne prend pas racine. Les racines se forment au contraire toujours quand on ralentit l'évaporation en couvrant les boutures d'une cloche, et en maintenant la partie enterrée dans un milieu constamment humide.

Vous pouvez ainsi faire des boutures avec des fragments de feuilles d'Achimènes, de Bégonias, avec des rameaux de Rosiers nains, de Pélargoniums, de Chrysanthèmes, de Camellias.

Pour faire des boutures de fragments de feuilles de plantes grasses, ayez soin de laisser la section se cicatriser deux ou trois jours à l'ombre avant de la mettre en terre.

La réussite des boutures faites de rameaux dépend

d'une autre condition décisive pour le succès de l'entreprise.

Le rameau destiné à faire une bouture doit être réduit à une longueur de 5 à 10 centimètres, par une coupe franche et nette immédiatement au-dessous d'un nœud. Si cette coupe présentait des déchirures, des inégalités, la sève serait gênée pour former, en s'arrêtant sur les bords de la plaie, cet amas de petites utricules d'où naissent les racines. Il faut en outre enlever les feuilles avec beaucoup de précaution sur toute la partie du rameau mise en terre, parce que ces portions inutiles pourriraient, fixeraient l'humidité et compromettraient le sort de la bouture.

Vous ferez cette opération en coupant la base des feuilles avec un canif bien tranchant, ou, si elles sont petites et nombreuses, avec des ciseaux fins et bien aiguisés.

Les soins à donner aux boutures sous cloche sont fort importants. On doit surtout se méfier des excès d'humidité dans l'atmosphère de la couche; il faut y regarder souvent, essuyer matin et soir avec un linge les parois intérieures, enlever les feuilles pourries, les boutures qui périssent; enfin, dès qu'on aperçoit un mouvement dans la végétation, donner de l'air par degré en soulevant un des côtés de la cloche, et enfin l'enlever définitivement quand on s'est assuré que les boutures sont bien enracinées.

Les arrosements doivent être fort rares; le plus ordinairement les boutures se maintiennent après le premier mouillage et font racines sans qu'il soit besoin de leur donner une seule goutte d'eau.

III. La greffe.

La greffe est une bouture d'un autre genre. Au lieu de la mettre en terre et sous cloche, on la pose sur une partie dénudée d'un autre végétal ; elle s'y soude et vit de la nourriture qu'elle en reçoit sans changer sa nature propre.

Le domaine des greffes possibles est très-vaste, le principe en est très-simple et sa pratique peut se réduire à la méthode suivante :

Choisissez vers le milieu de la hauteur du sujet que vous voulez greffer, une feuille bien verte et bien conformée. Dans l'aisselle de cette feuille, coupez avec un canif bien tranchant la partie du bois sur laquelle se trouve l'œil axillaire. Cela fait, vous taillerez la base de votre greffe de façon qu'elle s'emboîte parfaitement dans l'incision faite au sujet, et vous l'assujettirez par une ligature de laine grise. Vous aurez soin de ne serrer ni trop ni trop peu pour la faire tenir sans gêner la circulation de la séve.

Cette greffe peut s'appliquer à tous les arbustes d'ornement à feuilles persistantes, tels que Orangers, Myrtes, Daphnés, Camellias etc. C'est la seule qui puisse être employée pour les plantes d'appartement.

CHAPITRE V.

Procédés de culture, particuliers à chaque genre de plantes.

L'énumération des plantes comprises dans la liste suivante est loin d'être complète, et cependant elle est encore trop longue pour qu'on puisse essayer de les cultiver toutes. On fera bien de s'en tenir à un petit nombre et de les soigner avec attention. Le goût des fleurs devient facilement une passion, et en partant d'une petite collection, nous pouvons vous le prédire, vous ne tarderez pas à remplir de fleurs les moindres recoins de votre maison.

Acacia (*grandis*, *armata* etc.). Cette dernière plante figure sur beaucoup de fenêtres à Londres. La plupart des *Acacia* s'arrangent bien d'une température qui reste entre 3° R. ; et + 8° à 10°. Elle réussit bien dans une terre filamenteuse de verger, mêlée avec un peu de tourbe. Après la floraison on la met à l'air libre, mais en évitant de trop l'exposer au soleil ; on lui donne de l'eau en abondance et l'on bassine généreusement pour en écarter l'araignée rouge et les punaises ; si la plante est exposé au soleil, il faut abriter les pots.

Achimène (*Achimenes*). Des différentes espèces de ce genre nous citerons le *coccinea*, le magnifique *longiflora major* bleu et le *patens* pourpré, qui se comportent très-bien aux fenêtres pendant les mois de juillet et d'août. Leurs tubercules squameux seront conservés dans du sable, et non loin du fourneau pendant l'hiver. Un certain degré d'humidité, et un froid un peu prolongé, même sans gelée, leur sont déjà nuisibles. La végétation de ces plantes commence vers le milieu d'avril seulement. On met 8 à 10 tubercules dans un pot de 15 centimètres, avec de la bonne terre sablonneuse de jardin, de façon qu'ils soient recouverts environ de 2 centimètres. On ménage un bon drainage au moyen d'un lit de tessons de 4 à 5 centimètres de hauteur. Avant que les pousses percent, on met les pots sous cloche; plus tard cette précaution est inutile. On donne de l'eau et de l'air en abondance, et par le grand soleil on couvre avec un voile de mousseline. La floraison passée, on met les pots à l'air libre, dans un endroit chaud et au soleil, et on ne leur donne plus d'eau. Une fois le plant desséché, on sort les tubercules et on les met dans le sable pour l'hiver.

Ageratum. Pour la fenêtre on élève des boutures sous cloche, en été ou en automne, et on leur ménage en hiver une chaleur de + 1° 1/2 à 2° R. La force de ces plantes au bout de l'année dépend ordinairement de la grandeur du pot et de la place qu'on a pu leur donner.

Aloe. Les espèces telles que les *incurva*, *tenuifolia*, *aristata* etc., conviennent parfaitement. Elles demandent une terre de jardin sablonneuse, mélangée d'un peu de chaux grossièrement concassée. Elles sont loin d'être difficiles à cultiver; il faut seulement les maintenir à une chaleur de 1° 1/2 à — 2° R.

Aloysia citriodora. Bien des personnes, en voyant les feuilles de cette plante se flétrir en automne, la croient morte, et la jettent. Il n'en est rien. Quand les feuilles sont tombées, on met les pots dans un appartement ou dans une cave où la gelée ne soit pas à craindre, et où les racines restent sèches. Au mois de mars ou d'avril, quand elles commencent à pousser, on les remet à la fenêtre. On peut faire des boutures avec des pousses déjà anciennes; elles prennent aussi facilement que celles du Groseillier. On les met dans une caisse en automne et on les couvre d'une cloche pour les garantir de la gelée. Uue bonne terre de jardin avec un bon drainage suffisent.

Anemone. Pour avoir des Anémones aux premiers jours du printemps, plantez des griffes de belles espèces doubles, au commencement de l'hiver, dans des pots, de façon que la couronne soit recouverte de 2 centimètres de terre, et mettez-les dans un endroit frais et obscur.

Quand elles percent, on les amène à la lumière, et on les arrose suivant leurs besoins. Une fenêtre un peu fraîche est l'endroit qui leur convient le mieux. Après la floraison on les arrose aussi longtemps que le feuillage reste vert, puis on les prive d'eau peu à peu; on enlève les racines quand les feuilles sont tout à fait mortes, et on les tient au sec jusqu'à l'hiver.

Anomatheca cruenta. Cette belle plante bulbeuse convient mieux que beaucoup d'autres à la culture dans les appartements; les semis du printemps fleurissent au printemps suivant.

A-t-on des oignons déjà formés, ils se reproduisent si rapidement qu'on n'a plus besoin de faire de semis. On met de 6 à 12 oignons dans un pot de 15 centimètres et les couvre environ de 2 centimètres de terre. Quand ils percent, on leur donne de l'eau et de la lumière. La plante arrive à 15 ou 20 centimètres de hauteur. Quand la floraison est passée on leur ménage l'eau, et une fois les feuilles fanées, on met les pots dans un endroit à l'abri de la gelée, ou bien on retire les oignons et on les conserve dans du sable pour les replanter au moment où la végétation reprend.

Auricule (*Primula auricula*). Pour la culture d'appartement une exposition sèche et fraîche leur est nécessaire pendent l'hiver. Elles pourront alors au printemps fleurir à la fenêtre, pourvu qu'on leur donne beaucoup d'air et que la chambre ne soit pas trop chaude. Il faut aussi les garantir contre un soleil trop vif au moyen d'un écran. Un bon engrais, une terre argileuse et quelques arrosements d'engrais liquide activeront leur croissance et leur floraison.

Balsamines. Cette plante veut être traitée avec quelques ménagements. La meilleure époque pour les obtenir de semis est le milieu ou la fin d'avril. A cet effet on remplit un pot de 16 centimètres, jusqu'à moitié, de terre de jardin légère et sablonneuse avec addition de détritus de feuilles et avec un bon drainage. On recouvre légèrement la semence, et l'on pose un fragment de verre sur le pot, qu'il faut mettre dans l'endroit le plus chaud de l'appartement.

Quand la semence commence à lever, on place la la jeune plante à la fenêtre pendant le jour, et la nuit on la remet à son ancienne place. Dès qu'elle s'est un peu développée, on soulève le verre de manière à donner de l'air, et l'on utilise l'espace resté vide dans le pot pour faire glisser de temps en temps un peu de terre entre les tiges, ce qui les rend vigoureuses. On les transplante alors isolément dans des pots de 8 à

10 centimètres, dans lesquels on les laisse jusqu'à ce que les fleurs se développent. On jette alors celles dont la floraison est chétive, et l'on donne de plus grands pots aux autres, en prenant une terre de jardin légère mais riche.

Avec de généreux arrosements la Balsamine devient une très-belle plante dans un pot de 16 centimètres. Mais si l'on veut avoir des plantes de première beauté, on transplante encore une fois dans des pots de 22 centimètres, et jusqu'au moment où ceux-ci se seront bien garnis de racines, on pincera toutes les fleurs avant qu'elles se soient bien développées. Vers le milieu de juin on ne saurait leur donner trop d'air, et quand elles auront bien rempli leur pot de nouvelles racines, on ne les laissera plus à l'ombre, sans quoi elles deviendraient maigres et grêles au lieu de devenir compactes et touffues.

Begonia (*Begonia Evansiana*). Quoique le feuillage de cette plante ne soit pas des plus gracieux, elle compte cependant beaucoup d'amateurs en raison de ses fleurs d'un beau pourpre, disposées en riche panicule. Aussitôt qu'en automne les feuilles et la tige donnent le signal du déclin, on cesse peu à peu d'arroser et on met le pot à un endroit sec et exposé au soleil, pour faire mûrir les bulbilles de la base. Pendant l'hiver il faut tout simplement un lieu d'une température égale, à l'abri de la gelée. Des personnes les conservent dans une écurie, recouvertes de paille, avec les Dahlias et d'autres plantes. Quand au printemps les jets ont 2 à 3 centimètres de longueur, on débarrasse les racines de la terre qui les entoure, et l'on en choisit trois pour un pot de 16 centimètres, ou quatre pour un pot de 21 centimètres, les plus forts au milieu, les autres vers la circonférence. On prend pour cela de la terre sablonneuse de jardin, et quand les plantes sont au fort de la végétation et de la floraison, on arrose généreusement.

Calcéolaires (arborescentes). On fait en septembre des boutures de rejetons bien trapus et vigoureux ; on les met sous cloche et on les tient à l'ombre et au frais. Quand elles ont repris, on les repique séparément, on leur donne pendant l'hiver de l'air et de la fraîcheur, et on les transplante au printemps. La terre qui leur convient le mieux est une terre de jardin sablonneuse, mêlée d'un peu de fumier bien consommé ou de détritus de feuilles. Un air renfermé, de la chaleur et de la sécheresse leur seraient funestes.

Cactus : voir *Epiphyllum*.

Calla (Richardia) æthiopica. On le multiplie par éclats, au printemps, et on le plante dans une terre forte de jardin avec un peu de détritus de feuilles. Tant que la plante est en pleine végétation et en floraison, on arrose généreusement. En automne on commence à ménager l'eau, et on tient la plante presque tout à fait au sec en hiver. Il faut la garantir de la gelée. Au printemps, quand elle se remet en végétation, on lui donne un peu de fumier, et on la transplante ; on la met alors sur les tablettes d'une fenêtre, et on lui donne dans une soucoupe toute l'eau dont elle a besoin.

Camellia. La culture des Camellias dans un appartement habité est toujours difficile. La variété qui s'y prête le mieux est l'*alba plena*. Quand elle a défleuri on la met dans une fenêtre tenue fermée et chaudement située, on la tient à l'ombre jusqu'au moment où elle a bien formé son bois. On l'apporte alors à l'air libre, dans un endroit où elle reçoive le soleil du matin et du soir, mais où elle soit abritée contre celui du midi. Au milieu d'octobre on la rentre et lui donne pendant l'hiver autant d'air que possible, en évitant la gelée.

Campanule pyramidale (*Campanula pyramidalis*). bleue et blanche. On se procure au mois d'avril de jeunes plantes de semis, ou des boutures provenant de plus grands sujets. On les met sous cloche pour les faire prendre. On les transplante ensuite successivement jusqu'à ce qu'on leur ait donné, avant l'hiver, des pots de 12 à 16 centimètres. Pendant l'hiver on leur donne de la fraîcheur, de l'humidité et de l'air, chaque fois que la température sera un peu douce. On les transplante de nouveau en mars; et quand les racines ont repris toute leur activité, on les arrose généreusement, surtout pendant la période où la tige s'allonge.

Après la floraison on trouvera près du collet une masse de rejetons que l'on pourra utiliser pour la multiplication. Cette Campanule exige une terre de jardin sablonneuse, mêlée de quelque peu de détritus de feuilles.

Capucine (*Tropæolum*). Il y a peu de plantes plus convenables pour la décoration d'un balcon, de corbeilles ou de vases que les *T. majus, peregrinum* (*canariense*). On sème de suite sur place, dans une terre qui ne soit pas trop riche, et l'on couvre les jeunes plantes, aussi longtemps qu'il gèle la nuit, de pots renversés qu'on ôte pendant qu'il fait un peu de soleil. Pour couvrir une fenêtre de riches guirlandes, il n'y a rien de plus beau que le *T. pentaphyllum* avec ses myriades de fleurs d'un vert pourpré. Si on le conserve en pot, il faut le tenir en hiver à l'abri de la gelée ; s'il est en pleine terre, il faut préserver les rhizomes du froid au moyen d'un petit tas de cendres recouvertes de mousse. On le multiplie par les bulbilles qui se sont produites pendant l'été. Pour l'intérieur des fenêtres d'un appartement bien aéré, le *T. tricolor* est d'un effet charmant. On ne doit en planter des tubercules que lorsqu'elles produisent leurs pousses filandreuses, et l'on donnera peu d'eau jusqu'au momoment où les racines seront bien formées. Une terre sablonneuse de jardin et de la terre de bruyère sont le meilleur mélange à employer. Si la végétation est trop lente, on peut l'activer au moyen d'un engrais superficiel de fumier de vache bien consommé. Quand une fois les fleurs commencent à se flétrir, on arrose moins et l'on cesse tout à fait dès qu'elles sont entièrement mortes, jusqu'au moment où les tubercules commencent à repousser et qu'on les replante. On retire ceux-ci environ un mois après que la tige et les feuilles se sont fanées et on les conserve dansdu sable, au frais et à l'abri de la gelée, jusqu'à ce que la vie se réveille.

Cereus. Le Cereus qui convient le mieux à la culture dans les appartements est le *Jenkinsonii* avec ses variétés innombrables, attendu qu'il fleurit abondamment et volontiers. En été, quand la plante grandit et fleurit, elle demande beaucoup d'eau. A la fin de l'été, ou, si ce sont des variétés qui fleurissent en automne, pendant tout l'automne, on les laisse au grand soleil autant que possible; on leur diminue peu à peu la ration d'eau, et on les tient tout à fait secs pendant l'hiver, quand même les tiges deviendraient tout à fait noires et ridées.

Chrysanthème (*Chrysanthemum indicum*). Les variétés les plus faciles à cultiver dans les fenêtres sont celles à basses tiges. Quand la floraison est passée, on place les pots dans un endroit à l'abri de la gelée; au mois de mai on les met avec leurs mottes en pleine terre pour les séparer en automne et les remettre en pots. Si l'on veut les multiplier on pourra le faire par marcottes en abaissant les branches et en les fixant à terre dans leur tiers supérieur, dans le courant du mois de juillet. En septembre, on sépare les rejetons, on les met en pots et on les tient dans un lieu mi-ombragé, jusqu'à ce qu'ils aient bien repris. Les Chrysanthèmes demandent une terre légère, et, lorsqu'ils entrent en végétation, de copieux arrosements.

Clintonie (*Clintonia elegans*). Cette plante est très-propre à orner des vases, autour du bord desquels elle retombe avec beaucoup de grâce. On sème en avril et on couvre les pots d'un morceau de verre; on transplante dans des pots de moyenne grandeur: trois plants dans un pot de 12 centimètres. Une bonne terre de jardin est suffisante; la meilleure place à leur donner est le bord extérieur de la fenêtre.

La *Clintonia pulchella*, un peu plus difficile à élever, est d'une remarquable beauté, surtout la variété à fleurs blanches et bleu foncé.

Collinsie (*Collinsia bicolor*). Peu propre à vivre dans un appartement chauffé, il se plait mieux dans un lieu tempéré. On sème en septembre, on transplante dans des pots de 12 centimètres et on leur ménage un lieu abrité de la gelée, pour les voir en pleine floraison au mois d'avril. Les variétés les plus recommandables sont le *Collinsia bicolor candidissima*, *C. multicolor marmorata* et *verna*.

Coronille (*Coronilla glauca* et *variegata*). Ces deux

variétés sont, par leurs masses de fleurs jaunes, une des plus charmantes décorations d'hiver pour nos appartements. Il faut leur donner une terre riche et poreuse. Après la floraison, il faut les raccourcir un peu, les garder dans la maison jusqu'au milieu du mois de mai, et les transplanter ensuite dans un endroit abrité pendant l'été, les arroser et les bassiner de temps en temps. On les rentre en octobre.

Cotylet (*Cotyledon speciosus*). Les amateurs de plantes grasses pourront élever dans leurs appartements la plus belle espèce des Cotylets. Ils leur donneront une terre sablonneuse de jardin mêlée d'un peu de vieux mortier. Il faut donner très-peu d'eau en été et point du tout en hiver, attendu que cette plante en absorbe par les feuilles autant qu'elle en perd. Elle réussit très-bien à l'abri de la gelée et près de la lumière.

Crassule (*Crassula coccinea*). Plante grasse très-recherchée. Tout commençant qui parviendra à faire fleurir tous les ans la même plante de cette variété, pourra être fier du résultat qu'il aura obtenu. On ne peut atteindre ce but qu'en ménageant chaque année des pousses nouvelles. Comme toutes les plantes grasses, cette espèce est très-facile à multiplier. On place une jeune pousse dans une terre légère et sablonneuse et l'on peut être assuré de sa reprise.

Supposons que nous ayons une plante qui ait deux tiges, dont l'une fleurisse en juillet et l'autre ne fleurisse point. On rogne à 1 centimètre de sa base la tige qui n'a pas fleuri. Bientôt se montrent une quantité de jeunes pousses qu'on devra enlever, à l'exception de trois ou quatre. Pendant le développement des boutons et des fleurs, comme pendant toute la période de la végétation, des arrosements copieux sont nécessaires. La floraison passée, on peut couper la tige florale. On ne négligera cependant pas d'arroser et on exposera ses plantes au grand soleil, jusqu'à ce que les tiges coupées aient donné des rejetons. On diminue alors peu à peu l'arrosage, mais en continuant à donner le plus de soleil possible. Cette Crassule exige encore quelques soins en hiver. Il faut arroser régulièrement et veiller à ce que la température ne descende pas trop souvent au-dessous de 3° 1/2 R., jamais au-dessous de 0° R. Quand le soleil reprendra un peu de force, les jeunes pousses de l'année précédente entreront en floraison et la culture des *Crassula* reprendra le même cours qu'il vient d'être dit, c'est-à-dire qu'on coupera les tiges qui auront fleuri et l'on cherchera à activer la végétation et la maturité des autres.

Cyclame (*Cyclamen*). La culture en est des plus simples. Si l'on obtient une plante en fleurs au printemps, il faut l'arroser aussi longtemps que dure la floraison et que les feuilles restent vertes. Mais aussitôt qu'elle commence à jaunir, on diminue l'eau et on finit par ne plus arroser du tout. Quand les feuilles sont tout à fait desséchées, on les enlève complétement et on met les pots à l'air, mais à l'abri, et couchés sur le côté, afin que la terre du fond ne se mouille pas. Seulement on ne les laisse pas complétement se dessécher. A l'approche de l'hiver on rentre les pots, et quand la végétation reprend, on rectifie et l'on rétablit le drainage, on y ajoute un peu de terreau de couche bien consommé, on transplante complétement dans une terre légère ou dans de la terre de bruyère et on augmente peu à peu la dose des arrosages.

Il ne faut pas prendre de trop grands pots; ceux de 12 centimètres sont les meilleurs. Si l'on veut obtenir des plantes de semis, procédé qui ne saurait être trop recommandé à cause des nouvelles variétés qu'on peut obtenir, on devra souvent visiter les capsules séminales qui, par suite d'un repli de la tige florale, se courbent et se cachent dans la terre. On sèmera la graine aussitôt qu'elle est mûre.

Cytise (*Cytisus Attleanus*). Ce gracieux arbuste convient parfaitement à la disposition par groupes. Il n'atteint guère plus de 30 à 40 centimètres et se couvre régulièrement de fleurs d'un jaune frais et brillant. En été, on traite cette espèce de *Cytise* comme la *Coronilla glauca*, mais en arrosant plus souvent et plus copieusement.

Daphné, bois joli, sainbois, garou (*Daphne indica* et *odora*). Nous avons entendu citer dernièrement un bel exemplaire de cette plante en fleurs, dans un appartement dont elle faisait l'ornement depuis plusieurs années. Il passait l'hiver dans une chambre bien éclairée, située au-dessus d'une écurie, où de bons volets la protégeaient contre la gelée. Quand au printemps les boutons à fleurs se montraient, on la mettait dans l'appartement. Après la floraison, elle était remise à son ancienne place et on ne lui donnait de lumière que juste ce qu'il fallait pour entretenir la végétation. Aux mois de juillet et d'août on la transplantait en plein air, dans un endroit abrité, où elle recevait le soleil du matin et du soir. Au mois d'octobre on la rentrait. Un mélange de terre de bruyère et de terre de jardin convient le mieux à cette espèce. Il faut éviter de trop arroser pendant l'hiver.

Dentelaire (*Plumbago capensis*). Cette plante donne sur de jeunes exemplaires une grande quantité de fleurs d'un bleu admirable. Pendant la période de végétation donnez beaucoup d'eau, mais peu en automne pour que les tiges puissent s'aoûter. Dans cette saison taillez les branches sur deux yeux et donnez à la plante pendant l'hiver un endroit à l'abri de la gelée, mais où elle ne soit privée ni d'air ni de lumière. Dès que le pied commence à pousser, au printemps, il a besoin d'être copieusement arrosé.

Deutzie (*Deutzia gracilis* et *crenata flore pleno*). Après la floraison on coupe les tiges qui ont défleuri, pour exciter la végétation des autres, et on transplante quand la motte est bien remplie de racines. Plus tard on les met en plein air, dans un lieu ouvert, mais à l'abri du soleil. De copieux arrosements et une température au-dessus de la gelée (quoique quelques degrés de froid ne nuisent pas), sont les seules précautions nécessaires. Aussitôt qu'on les rentre dans la chambre, les plantes se couvrent de fleurs.

Dielytra (*Dielytra spectabilis*.) Un pot de 16 à 20 centimètres est suffisant pour une plante de force moyenne. Après la floraison on met les pots en plein air et dans un endroit abrité. Au-bout de quelque temps on leur donne un peu plus de soleil et on les arrose aussi longtemps que le feuillage reste vert. Plus tard on arrose moins, sans cependant arriver à une sécheresse complète. En hiver on les conserve à l'abri de la gelée. Aussitôt que les *Dielytra* entrent en végétation, on les met dans les fenêtres, mais non sans avoir au préalable vérifié et rétabli le drainage de chaque pot et ajouté une bonne terre à la surface Pendant la période de la croissance et de la floraison on augmente la proportion d'eau suivant les besoins. La terre qu'il faut employer sera une terre argilo-sablonneuse.

Diosmée a feuilles de bruyère (*Diosma ericoides*). Les fleurs blanches de cette espèce de bruyère sont, il est vrai, insignifiantes, mais le parfum de son feuillage est des plus agréables. Après la floraison on la rogne un peu pour lui conserver sa forme élégante et on la laisse encore quelques semaines à sa place. Vers le mois de juillet on la met au grand air, en lui donnant d'abord une situation ombragée, puis un peu plus de soleil, sans cependant l'y exposer complétement. Au mois d'octobre on rentre les pots à la maison. La terre qui lui convient le mieux est un mélange de terre de jardin et de terre de bruyère sablonneuse.

Dracæna. Cette plante s'accommode de toute espèce de place dans l'appartement, mais le plus possible près d'une fenêtre. La température peut flotter entre 6° et 12°. Quand la végétation entre dans la période de repos, on se gardera d'arroser trop copieusement. Il lui faut une terre poreuse mais substantielle, composée d'un mélange de deux parties de terreau de feuilles, de deux parties de terre de bruyère et d'une d'argile et de sable avec des râclures de corne; on ménagera un bon drainage.

Au moment de rempoter on rogne les plus longues racines et on les utilise pour la multiplication. A cet effet on les coupe par morceaux d'un pouce, qu'on pose dans une terrine sur de la terre de bruyère et de la sciure de bois. Il se montre bientôt de petites pousses, qu'on enlève aussitôt qu'elles ont pris racine. La reprise se fait mieux sous l'influence d'une haute température et dans une obscurité complète.

DRACOCÉPHALE (*Dracocephalum canariense*). Plante assez recherchée pour la culture dans les appartements. Elle prospère parfaitement dans une terre argilo-sablonneuse de jardin ; en couvrant le pot d'un morceau de verre, on poussera vivement les jeunes replants. Après la floraison il faudra un peu tailler et éclaircir pour conserver une forme touffue.

ECHEVERIA ROSEA, GIBBIFLORA et COCCINEA. Ces plantes ne sont pas moins intéressantes que les *Cotyledon* et les *Crassula*, et se traitent de la même manière. Elles peuvent même passer l'été à sec ; il faut éviter un arrosage intempestif et trop copieux.

EPIPHYLLUM TRUNCATUM (Cactus). Cette espèce est de toutes les Cactées celle qui convient le mieux aux appartements. Elle se fait remarquer avant tout par la précocité de sa floraison, qui a lieu depuis le 1er janvier jusqu'au printemps. La floraison passée, on pourra donner à la plante la situation la plus exposée au soleil pour activer la végétation, puis, en juillet, on pourra la mettre en plein air, au grand soleil ; on ne l'arrosera que le strict nécessaire pour ne pas laisser flétrir les jeunes bourgeons. On la tiendra passablement sèche pendant l'hiver, jusqu'au moment où les boutons à fleurs commenceront à se montrer. On les bassinera alors avec de l'eau tiède. Il faut donner aux *Epiphyllum* la même terre qu'aux autres plantes grasses. L'*Epiphyllum truncatum* se greffe très-bien sur le *Cereus speciosissimus*, dont on ne le détachera que quand il aura une hauteur de 50 à 80 centimètres. A cet effet, on coupe la pointe du *Cereus* et on opère comme pour une greffe ordinaire. On introduit dans la fente un bourgeon d'*E. truncatum*, taillé en biseau ; on fixe la greffe au moyen d'une petite cheville de bois très-mince et de laine à greffer, et on enveloppe le tout légèrement de mousse humide. On abrite sa plante d'un morceau de papier roulé en cornet, et la reprise est achevée au bout de quelques jours.

Érythrine crête de coq (*Erythrina crista galli*). Cette plante ne peut être cultivée que dans une fenêtre profonde et large, à cause de la grande place qu'il lui faut. Après la floraison on la place dans un endroit ombragé du jardin, puis quelques semaines plus tard on l'expose au soleil, mais en continuant à lui donner copieusement de l'eau jusqu'au moment où le feuillage prend une teinte jaunâtre. A partir de ce moment on la tient presque à sec. Au moment de la rentrer pour l'hiver, on coupe toutes les tiges jusqu'à la base, et on la place dans une écurie ou dans tout autre endroit où la gelée ne puisse pas atteindre la racine. Au printemps, quand les bourgeons se montrent, on met le pot à la lumière pour fortifier les jeunes pousses, et on remplace la couche supérieure de terre par un mélange de bonne terre de jardin et de fumier réduit en poussière. Pendant les périodes de végétation et de floraison on arrose abondamment et on ne laisse que deux ou trois tiges, d'après la force de la racine. On tient le pot sec en hiver. La multiplication se fait au moyen de bourgeons de 8 centimètres de longueur qu'on met sous cloche; ils prennent facilement racine. Parmi les nouvelles variétés, la *Marie Bellanger* est une des plus belles par la richesse du coloris.

Ficus. Coupez une pousse d'un an avec quatre feuilles, placez-la dans une bouteille, au soleil, de façon que l'eau arrive à une température d'environ 20° à 25°. Au bout de trois semaines votre tronçon de *Ficus* aura poussé des racines. Plantez alors dans un mélange égal de terre de bruyère et de terreau de feuilles et mettez le pot à l'abri du soleil. Deux mois après les racines s'étendront partout et la plante poussera des feuilles.

FUCHSIA (*Fuchsia*). On peut, à juste titre appeler le *Fuchsia* la reine de toutes les plantes d'appartement qui peuvent servir à décorer l'intérieur ou l'extérieur d'une fenêtre. Voyez cette petite plante à peine haute de 10 à 12 centimètres, plantée dans un pot de 6 pouces. Comme elle fait bonne mine dans son beau et luxuriant feuillage! qu'il faut peu de soins pour élever ce merveilleux enfant! Elle ne demande que les soins les plus vulgaires, mais ceux-ci elle les demande à profusion. Donnez de l'eau en abondance, et dès que la plante aura bu sa ration, donnez-en encore. Donnez de l'air, tant que vous pourrez en donner. Mais peu à peu les fleurs tombent sans être remplacées par d'autres. Quelques feuilles se détachent, d'autres prennent une couleur jaunâtre. Vous reconnaîtrez à ces signes qu'il faut diminuer la ration d'eau et mettre la plante au grand air, d'abord à l'abri et plus tard au grand soleil. Plus les pousses de l'année auront été brunies par le soleil, plus la floraison de l'année sera riche. Cherchez seulement à garantir vos plantes des pluies d'automne, afin que la terre de vos pots ne soit pas mouillée d'outre en outre après la chute des feuilles. Dans les derniers jours d'octobre ou au commencement de novembre, et avant que la plante ait eu à supporter les deux ou trois premiers degrés de froid, on rogne les branches les plus longues et l'on rentre les plantes dans leur quartier d'hiver. Tout endroit est bon, pourvu que la terre y reste au sec sans se réduire en poussière, que la gelée n'y pénètre pas et qu'il y fasse cependant assez frais pour que la plante n'entre pas en végétation. Mais il n'y a pas de meilleur endroit pour hiverner des *Fuchsia* que le sol d'une cave fraîche, car les racines peuvent y recevoir l'humidité nécessaire à l'entretien de l'organisme de la plante, sans que l'on soit obligé de s'inquiéter de l'arroser. Les *Fuchsia* commencent à végéter au mois de mars, c'est alors le moment de régulariser la taille. On peut en même temps ou plus tard, au mois d'avril, utiliser les jeunes pousses pour la multiplication, en les mettant sous cloche. Les boutures, si on les soigne bien, donnent déjà pour l'automne de jolies plantes. Les vieilles plantes seront transplantées avant qu'elles aient de trop longues pousses. Pour cela, on débarrassera d'abord la terre des racines au moyen d'une pointe de bois, on les trempera pendant quelques minutes dans une eau chauffée à environ 12° R., et replantera ensuite dans un pot bien nettoyé, de la même grandeur, dans de la bonne terre fraîche de jardin, mêlée de terreau de feuilles. On bassine les plantes et l'on ralentit l'évaporation en donnant de l'ombre. Au commencement, et pendant que les racines reprennent dans la nouvelle terre, on arrose modérément, pour empêcher seulement la motte de se dessécher. Les meilleures variétés pour la fenêtre sont celles à fleurs foncées.

GENÊT (*Genista canariensis*). Cette plante exige les mêmes soins et la même terre que les *Coronilla*.

GÉRANIUM : voir *Pelargonium*.

GESNERIA ZEBRINA. Cette magnifique plante et ses belles variétés prospèrent très-bien dans les fenêtres depuis le mois de septembre jusqu'à la fin d'octobre, mais il faut avoir soin de les protéger de la trop grande ardeur du soleil au moyen d'une mousseline ou de papier huilé. Il leur faut peu d'air, mais on devra se servir d'une couche chaude pour forcer les tubercules à se mettre en végétation; sans cette précaution, il est inutile d'en essayer la culture, quoiqu'elles donnent dans les fenêtres une belle floraison et que les bulbes puissent s'en conserver dans la première armoire venue.

Glaïeul (*Gladiolus*). De nombreuses variétés de cette plante, si fort en vogue dans ce moment, composent un magnifique ornement pour les appartements. Il faut, pendant la période de repos, les tenir au sec et au frais, et les élever dans un mélange de bonne terre de jardin et de terre de bruyère. Quand elles entrent en végétation, il leur faut beaucoup d'eau et de lumière. Aussitôt que la hampe florale sera formée, on les mettra à la fenêtre.

Gorteria (*Gazania ringens*). Voici une petite plante à feuillage persistant et qui a des fleurs d'une belle teinte orangée, lavée au centre d'un pourpre foncé. Il y en a peu qui brillent d'un plus vif éclat aux rayons du soleil d'été. En hiver il faut la tenir au sec et à l'abri de la gelée; on augmente la ration d'eau quand la végétation devient plus active. Une bonne terre de jardin est suffisante, mais le point capital est un bon drainage.

Haworthia. Petite plante grasse qu'on traitera comme les *Cactus*, les *Mesembrianthemum* etc.

Hibbertia grossulariæfolia. Une des plus petites plantes qui existe pour suspension. Plantée dans une terre argileuse mélangée de détritus de feuilles ou de terre de bruyère, elle réussit parfaitement et fait un charmant effet dans une lampe évasée, au milieu d'une garniture de mousse. Si on la tient au sec pendant l'hiver, elle peut supporter sans danger un froid assez vif.

HORTENSIA (*Hydrangea hortensis*). Supposons que nous ayons une jeune plante munie d'une seule tige ornée d'un beau panache floral. Après la floraison, nous couperons la cime avec quelques pouces de la tige, et si les bourgeons formés aux aisselles des feuilles sont trop nombreux, on les réduira à quatre ou six des mieux placés qui devront former la charpente l'année suivante. Donnez de l'eau aussi longtemps que les feuilles sont encore vertes, puis diminuez-la peu à peu quand elles commencent à jaunir, et quand elles seront tombées, n'en donnez que juste ce qu'il faut pour maintenir les bourgeons frais. Les *Hortensia* aiment le grand soleil, dans la chambre comme à l'air libre; en hiver on les abritera contre le froid et l'humidité. Au printemps, quand les bourgeons commenceront à pousser, on transplantera en prenant une bonne terre de jardin. Au moment de la floraison et pendant le fort de la végétation on donnera passablement d'eau et une station au soleil. Après la floraison on rognera de nouveau la fleur et l'on cherchera à hâter la maturité du bois. Pour obtenir des Hortensias bleus, il est recommandé de mélanger à la terre de la limaille de fer, mais l'emploi d'*alun* produira plus tôt et mieux le résultat désiré.

IPOMÉE, Jasmin rouge de Judée (*Ipomœa cœrulea*). On peut cultiver cette belle plante grimpante sur le devant de la fenêtre et la faire courir sur des fils. Si on l'arrose avec soin, elle donnera la plus belle floraison jusqu'aux premières gelées.

IXIA, SPARAXIS, TRITONIA, BABIANA. Petites plantes

bulbeuses qui montrent leurs jolies fleurs au printemps dans une fenêtre bien aérée. Après la floraison on arrose aussi longtemps que les feuilles sont vertes. Quand elles commencent à se faner, on diminue, et plus tard on cesse complétement d'arroser. On tiendra les pots dans un endroit exposé au soleil, mais à l'abri de la pluie. Elles recommencent à pousser en automne, et demandent alors de nouveau de l'eau et un engrais superficiel, ou bien il faut les transplanter dans de la terre de bruyère sablonneuse mêlée de terre argilo-siliceuse. A partir de ce moment il faut leur donner beaucoup d'air et les mettre tout près de la fenêtre ou du vitrage de la serre, mais toujours à l'abri de la gelée. On leur mesurera l'eau en proportion de l'activité de la végétation et de la température. C'est au mois d'avril, à l'époque de la floraison, qu'elles en demandent le plus.

Jacinthe (*Hyacinthus*). Il est pour ainsi dire inutile de parler de la culture dans les appartements des Jacinthes, des Tulipes, des Crocus et des plantes bulbeuses en général, ce chapitre étant traité spécialement dans la plupart des manuels d'horticulture. Il est peut-être moins connu que les Jacinthes se laissent forcer tout aussi bien dans la mousse humide que sur carafes. On aura seulement soin de fixer au fond du vase dont on se servira à cet effet, un fil de fer assez long pour servir à attacher la plante dont les racines ne plongent que dans une mousse sans consistance.

Jasmin (*Jasminum gracile* et *nudiflorum*). La première de ces espèces sera difficile à élever, si on ne peut l'abriter complétement de la gelée. Les fleurs, quoique petites, répandent cependant une odeur des plus agréables et ne donnent pendant l'été que des plantes de

30 à 40 centimètres de hauteur. Elle prospère dans une terre de bruyère mélangée de terre de jardin, doit être tenue au sec pendant l'hiver, mais arrosée copieusement au printemps et en été. Après la floraison on lui assignera une station convenable au soleil, pour que les pousses puissent s'aoûter complétement et fleurir l'année suivante. Le *J. nudiflorum* est à feuilles persistantes, assez rustique, et donne en hiver une quantité prodigieuse de fleurs jaunes, même sur des pousses de l'année. Un endroit à l'abri de la gelée suffit pour hiverner cette espèce.

Joubarbe (*Sempervivum*). Les espèces les plus faciles à élever sont les *S. arboreum*, *variegatum*, *aureum*, *Smithii* et *tortuosum*. Il leur faut une terre légère, et elles n'exigent pas d'autre attention que celle de les abriter de la gelée en hiver et de les arroser peu pendant cette saison.

Lachenalia. Plusieurs espèces de ce genre de Liliacées, par exemple le *L. tricolor*, fleurissent assez tôt. Elles sont, il est vrai, plus délicates que les *Ixias*, mais n'exigent en général pas d'autres soins. Il ne faut pas oublier que si les bulbes sont tenues à l'humidité on obtient une maigre floraison.

Lantana. Parmi les *Lantanas*, les *L. mutabilis* et *crocea superba* sont les meilleures variétés pour la fenêtre. Les plantes de 30 à 40 centimètres de hauteur sont celles qui donnent la floraison la plus abondante. Les rejetons, utilisés comme boutures, reprennent très-bien au mois de mai. Vers l'automne on donne moins d'eau et on laisse les jeunes pousses s'aoûter au grand soleil. On peut traiter ces plantes en hiver comme les *Fuchsia*, mais on devra éviter un excès d'humidité et ne pas laisser trop souvent tomber la température au-dessous de 3° 1/2 R.

LAURIER ROSE (*Nerium Oleander splendens*). Il est facile de multiplier cette variété et quelques autres par boutures, auxquelles on fait prendre racine au mois de mai ou de juin, sous cloche ou dans l'eau. On prend à cet effet des boutures munies d'un peu de bois d'une année ; c'est dans une terre argileuse compacte, mêlée d'un peu de tourbe, que les *Nerium* réussissent le mieux. Quant à la taille, il s'agit de savoir si nous voulons avoir tous les rameaux en fleurs une année et l'autre point, ou si l'on veut faire fleurir la moitié une année et la moitié l'année suivante. Supposons donc que la plante ait au mois de juin deux rameaux de l'année dernière, dont l'un porte des boutons et l'autre point. Je taille celui qui n'est pas florifère presque à ras du bourrelet, pour obtenir deux ou trois rameaux qui ne fleuriront que dans un an. Cette précaution est nécessaire parce que le bois d'un an est seul florifère, et qu'il faut par conséquent se ménager tous les ans du jeune bois pour fleurir l'année d'après. La richesse de la floraison et le développement rapide et vigoureux des jeunes rameaux dépendent en grande partie d'un arrosage copieux. Quand une branche a cessé de fleurir, on la taille comme la première, afin d'en obtenir aussi de nouvelles pousses. Vers la fin de septembre on ne donne plus que peu d'eau, mais on place la plante dans un endroit bien exposé au soleil et on la tient assez au sec, mais cependant pas au point de laisser les branches se rider. Quand il commence à faire plus froid, on met les *Nerium* contre un mur où ils soient à l'abri de la gelée et où ils reçoivent le soleil. On les rentre enfin dans la maison et les tient alors tout à fait à sec et à l'abri du froid. Au mois de mars ou d'avril, quand le soleil devient plus fort, ils commencent bientôt à pousser; ils ont besoin d'être arrosés, avant même qu'ils montrent leurs bourgeons.

LIERRE (*Hedera helix*). Le Lierre nécessite une terre sèche et pierreuse, il se multiplie de boutures et de graines. C'est certainement la plante la plus gracieuse et la plus facile à élever dans les appartements.

LIS (*Lilium*). On cultivera toutes les espèces comme les plantes bulbeuses en général; le point le plus important à observer est de conserver les bulbes au sec.

Lilium tigrinum. Malgré la beauté de sa fleur, on peut à peine recommander cette espèce, qui est ordinairement infestée par l'araignée rouge. Si l'on veut la cultiver dans l'appartement, il faut au moins la sortir aussitôt après la floraison. Elle réussit dans une bonne terre de jardin et doit être abritée pendant l'hiver contre le froid et l'humidité.

LOBÉLIE, Cardinale bleue (*Lobelia gracilis erecta* et *hybrida grandiflora*). Ces deux variétés étalent à nos regards, jusqu'en hiver, une série non interrompue de fleurs d'un bleu ravissant, pourvu qu'on leur donne de l'air si on les tient dans la chambre, ou qu'on les expose au soleil si on les cultive à la fenêtre. La deuxième de ces variétés convient parfaitement, à cause de ses branches pendantes, à la culture en corbeilles et en lampes suspendues, autour du bord desquelles elles retombent en longues grappes couvertes de fleurs. Le nouveau *Lobelia Warscewiczii* est quelque peu difficile à cultiver dans les appartements. On multiplie les *Lobelia* du groupe *Erinus* par semis et par boutures.

Lophospherme (*Lophospermum spectabile* et *Hendersonii*). Cette espèce peut être employée, comme les *Hibbertia*, dont il a été question plus haut, pour la décoration de vases, de rebords de fenêtres, de vérandas. Elles est facile à multiplier de boutures et à élever de semis, mais les plantes élevées de boutures de l'année précédente donnent une floraison plus riche. Les espèces vigoureuses sont les moins propres à la décoration des appartements, mais les *L. erubescens* et *scandens* méritent d'être cités pour garnir promptement un grillage. Il faut leur donner une terre fraîche et substantielle de jardin. Malheureusement elles craignent le moindre froid.

Maurandia. Les variétés pourpres, roses, rouges et blanches se rapprochent, quant à leur emploi, des *Lophospermum* et exigent à peu près la même culture; mais elles sont bien plus recommandables que celles-ci, attendu qu'elles ne craignent pas tant le froid.

Mesembrianthemum. Cette plante se laisse facilement reproduire de boutures, quand on a soin de laisser sécher la section avant de la planter dans le sol composé de gros sable qu'on aura préparé. Quand elle aura repris racine, on la transplantera dans une terre argilo-sablonneuse mêlée de menus débris de tuiles et de charbon pilé. La température ne devra jamais descendre au-dessous de + 6°. Au printemps et en été, quand les plantes végètent et fleurissent, on les arrosera régulièrement mais avec précaution. En automne et en hiver, on leur donnera un peu d'eau pour empêcher les feuilles de se rider. Si l'on ne chauffe pas en hiver, il est inutile d'arroser.

Mimulus. On sème en avril une pincée de la fine semence de l'Hybride à grandes fleurs de cette espèce, en la mélangeant avec un peu de sable blanc, sans la recouvrir, et l'on recouvre le pot d'un morceau de verre. Quand les jeunes plantes ont poussé les premières feuilles on les repique à 2 centimètres de distance dans des pots. Quand elles ont pris un peu de force on les plante seules, ou deux à deux, suivant la grandeur du pot, et les met à la fenêtre. Les *Mimulus* sont peu difficiles sur le choix de la terre, mais pendant la période de la floraison et de la végétation il faut arroser copieusement. Il faut aussi éviter de les laisser séjourner dans l'humidité; on peut faire des boutures des plus belles variétés et les conserver pendant l'hiver dans un endroit frais et peu sec, mais à l'abri de la gelée. On les arrosera rarement, mais on leur donnera, de même qu'en été, autant d'air que possible et chaque fois que l'on pourra. Pour la culture en pot on pourra également recommander la nouvelle variété, *Mimulus cupreus*, et ses Hybrides. Elle exige les mêmes soins que ses congénères.

MUFLIER (*Antirrhinum*). La plupart des variétés viennent très-bien de semence, et quelques-unes des plus belles, telles que *Firefly*, *Crescia*, *Brillant*, *Henri IV*, sont même assez durables et conviennent parfaitement à l'ornementation d'une fenêtre. On peut aussi les obtenir de boutures; elles réussissent fort bien sous cloche aux mois de juin et de juillet. Quand les racines sont bien formées, on les transplante en petits pots, et les tient pendant l'hiver à l'abri de la gelée. Au printemps on leur donne de plus grands pots et une terre de jardin riche, friable et sablonneuse.

MUSC (*Mimulus moschatus*). Cette variété se multiplie par boutures, par semis et par éclats au moment du retour de la végétation. Pendant la période d'activité, il faut arroser copieusement. Quand la tige et les feuilles commencent à jaunir, on arrose moins, et quand la végétation a complétement cessé, on n'arrose plus du tout et on place les pots dans un lieu frais et quelque peu humide, comme une cave. Au commencement du printemps, quand les tiges ont repris la vie et que la racine a déjà fourni des rejetons, on commence à arroser et on met les pots à la lumière. C'est le moment de faire des éclats pour la multiplication, et de rajeunir la souche, car les plantes provenant d'éclats fleurissent bien mieux que les vieux pieds laissés intacts.

Muguet (*Convallaria majalis*). Si l'on met en pot des rhizomes de Muguet pour les élever dans les fenêtres, on ne les verra guère fleurir avant l'apparition des Muguets de nos bois. On peut cependant activer la végétation par un surcroît de chaleur. On choisira des pieds vigoureux, des rhizomes bien pourvus de racines, et on en placera de 10 à 20 dans un pot de 6 pouces avec une terre riche et sablonneuse. Dans une caisse fermée et en chauffant le sol, on obtiendra une végétation rapide.

Myosotis palustris (le vrai *Vergissmeinnicht*). Il est facile d'élever cette charmante plante de morceaux de racines ou de semence prise sur les lieux où elle croît naturellement. Pendant sa période de végétation on lui donne beaucoup d'eau et la tient dans une fenêtre aérée et ombragée. En automne, on enterre le pot dans quelque endroit abrité en plein air, et on le recouvre de feuilles, car par son séjour dans la chambre la plante est devenue plus délicate. Au printemps on procède par éclats.

Myrte (*Myrtus communis*). Il y a vingt ou trente ans, le Myrte était une des plantes les plus cultivées, et on la trouvait sur les fenêtres des pauvres comme sur celles des riches. La jeune fille, animée d'un doux espoir, plantait une branche de Myrte et l'élevait elle-même pour le plus beau jour de sa vie ; de la couronne de la jeune mariée on prenait de nouveaux rejetons qui rappelaient jusque dans l'été et l'automne de la vie cette heureuse journée et servaient à leur tour à faire la couronne nuptiale des enfants. Aujourd'hui c'est une plante presque abandonnée. Elle n'en est pas moins charmante et d'un aspect des plus gracieux, dans toutes ses variétés à larges feuilles ou à feuilles étroites ; en hiver elle nous montre la richesse de son feuillage, en été la neige de ses fleurs. Le Myrte réussit le mieux dans une terre argilo-sablonneuse mélangée d'un peu de terre de bruyère ou de détritus de feuilles. Un endroit chaud et fermé le pousse trop vite à la végétation et l'affaiblit. On ne devra cependant pas le laisser trop souvent dans un appartement dont la température descende à + 3°. En été, du mois de mai à octobre, on peut le mettre devant la fenêtre, mais le pot et les racines protégés du soleil, car la motte ne devra jamais rester sèche, et il n'est pas bon d'avoir toujours l'arrosoir à la main.

Narcisses. Même culture que les Jacinthes, mais dans un pot de 16 centimètres.

Némophile (*Nemophila insignis*). On sème cette jolie plante annuelle à fleurs bleues au mois de septembre, en pleine terre, dans une terre maigre sablonneuse. Au mois de mars on peut la mettre en pots, et elle ornera vos fenêtres aux mois d'avril et de mai. En hiver on ne pourra la conserver que dans un endroit sec et frais. Pendant la végétation et la floraison on arrosera copieusement, mais en tenant toutefois au sec le collet de la racine. Placée dans une lampe, elle surpassera en beauté, pendant l'époque de sa floraison, bien des plantes achetées à grands frais.

NÉRINE (*Nerine sarniensis*). On plante les Nérines dans une terre légère sablonneuse et leur donne des soins tout à fait ordinaires, pour les avoir en fleurs en automne. On doit chercher à maintenir le feuillage vert aussi longtemps que possible, si l'on veut qu'elles fleurissent bien l'année suivante.

ORANGER (*Citrus Aurantium*). On peut élever l'Oranger de semis de pépins d'Oranges bien mûres, et le greffer plus tard d'Otahiti ou de Mandarine; on les tient dans la couche jusqu'à parfaite reprise. Il leur faut une terre riche, argileuse, mêlée d'un peu de terre sablonneuse de jardin. Cette plante demande depuis le mois d'avril beaucoup de lumière, et depuis le mois de juin jusqu'en septembre une station ombragée, mais cependant pas trop privée de soleil. Pendant les autres mois de l'année on l'installe dans une grande chambre bien aérée, et au printemps on la trouvera régulièrement en fleurs, particulièrement la variété d'Otahiti. Le feuillage doit être nettoyé plusieurs fois pendant l'hiver au moyen d'une éponge et d'eau tiède.

ORCHIDÉES. Beaucoup d'espèces s'accommodent très-bien de la serre froide. On peut les tenir derrière une double fenêtre, dans une pièce exposée au sud-est ou au sud-ouest, en leur ménageant une chaleur qui peut varier entre 12° en hiver, et 23° en été. On fera bien, en hiver par les journées froides, de donner encore un léger chauffage à dix heures du soir. On donnera de l'air en hiver par l'intérieur, en été par la fenêtre extérieure, de manière à n'avoir jamais un air renfermé. On n'arrosera qu'une seule fois par jour; à celles qui recevraient directement les rayons du soleil on donnerait une deuxième, mais légère ration d'eau.

Ornithogale, Épi de la Vierge, Épi de lait (*Ornithogalum*). Il est difficile de faire un choix entre les différentes espèces de ce genre, car elles sont toutes d'une égale beauté. Une terre argilo-siliceuse et un peu de terre de bruyère leur conviennent le mieux. Quand elles sont en pleine végétation et floraison, il leur faut beaucoup d'eau, mais la moindre goutte qu'on leur donnera après que les feuilles auront jauni leur sera préjudiciable.

Oxalis Bowiei. Cette espèce est peut-être une des plus intéressantes qui se trouvent dans la culture. Les fleurs sont grandes et cramoisies, le feuillage d'un beau vert, et les tiges florales, lorsqu'on les maintient droites, prennent une hauteur de 30 à 35 centimètres. Cultivées dans les appartements, c'est à la fin de l'été et en automne que ces plantes fleurissent le mieux. Après la floraison on arrose moins, mais aussi longtemps que les feuilles sont encore vertes; aussitôt qu'elles se seront fanées, on cessera d'arroser. On placera ensuite les pots dans un endroit sec et à l'abri de la gelée jusqu'au printemps. On enlève alors la couche supérieure de terre, on arrose, on remplit avec un mélange de bonne terre sablonneuse de jardin et de terre de bruyère, et l'on donne aux pots une station bien exposée au soleil, ou bien on les place jusqu'à la floraison près des vitres d'une serre froide. Pendant la floraison on arrose très-copieusement. Il faut planter de huit à douze forts tubercules, à 10 centimètres de profondeur, dans un pot de 18 à 25 centimètres.

PALMIERS. Les espèces les plus recommandables sont le *Rhapis flabelliformis* du Japon, et les *Chamærops humilis, excelsa* et *chinensis* qui s'accommodent de toute température. On pourra même conserver pendant quelque années le *Livistonia chinensis* (Latania borbonica). Si l'on a des Palmiers d'un port quelque peu élevé, on fera bien de les isoler sur un support spécial qu'on pourra enguirlander de Lierre. Pendant l'été on mettra les Palmiers au grand air, pour leur donner une nouvelle vigueur avant l'hiver. Leur culture mérite d'être plus répandue qu'elle ne l'est à cause des effets pittoresques qu'on en obtient et de la facilité avec laquelle ils vivent dans nos appartements.

PASSIFLORE, Fleur de la passion (*Passiflora cœrulea*). Cette espèce est une des fleurs de la passion les plus rustiques. On peut la planter dans un pot d'une certaine grandeur sur le bord intérieur d'une fenêtre, et diriger ses longues tiges de manière à avoir des fleurs des deux côtés du vitrage. La terre doit être composée d'un mélange de bonne terre de jardin et de tourbe sablonneuse. En hiver il faut donner peu d'eau, mais arroser d'autant plus en été. Une fois qu'on aura des exemplaires bien développés, on taillera en hiver, à deux yeux, le tronc principal ou les pousses, par la raison que les tiges de l'année sont seules florifères. On fait passer l'hiver dans un endroit abrité de la gelée, et au printemps on donne un engrais superficiel de bon terreau mêlé de terreau de feuilles.

PELARGONIUM. La culture de ces plantes diffère selon

les groupes, mais la multiplication est la même; elle se fait de boutures depuis la fin du mois de mars jusqu'à la fin du mois d'août. On obtient aussi de nouvelles variétés de semis faits en terrines aussitôt après la maturité de la graine; mais comme on a rarement beaucoup de place de reste pour hiverner des terrines avec de jeunes semis, il est plus commode de conserver la graine pendant l'hiver dans un endroit sec, de semer au mois de mars ou d'avril et de laisser ses terrines près du fourneau jusqu'à ce que la graine ait levé. On met alors ses semis près de la lumière, et quand ils ont pris un peu de force on les repique isolément dans de petits pots, jusqu'à ce qu'ils fleurissent. Plus le pot sera petit, toutes proportions gardées, et plus la plante fleurira tôt. Quand on se sera assuré qu'on a fait un gain digne d'être conservé, on lui donnera un plus grand pot.

1. *Pelargonium écarlate.* On peut multiplier les variétés de ce groupe dans la chambre depuis le printemps jusqu'en automne. Les boutures reprennent aussi en pleine terre aux mois de juillet et d'août, si on les met dans des plates-bandes sablonneuses ou dans une couche, ou chacune seule dans un petit pot. On ne devra pas arroser, mais on se contentera de bassiner copieusement, et l'on ne s'inquiétera pas de voir se faner les extrémités des boutures. En préparant ses boutures on ne leur laissera que quelques petites feuilles pour diminuer autant que possible la surface d'évaporation. On les abritera de la gelée et pendant tout l'hiver on ne leur donnera que peu de lumière, mais en revanche beaucoup d'air et d'eau. On coupera ses boutures de 8 à 10 centimètres de longueur et choisira pour cela des

rameaux latéraux vigoureux et trapus. L'année suivante elles seront propres à donner une riche floraison ; les sujets d'un an et plus sont cependant plus beaux et supportent mieux l'hiver. Au mois de novembre, ou même déjà fin octobre, toutes les feuilles doivent être enlevées et les plantes remisées dans un endroit où elles n'aient pas à craindre la gelée. Si les circonstances l'exigent, on peut les couvrir de foin ou de paille hachée. Au commencement de mars elles commencent à pousser et ont besoin de plus d'air et d'eau. On enlève alors la couche supérieure de la terre et on la remplace par une terre fraîche et riche de jardin. Avant que les feuilles aient pris tout leur développement, on place les plantes à la fenêtre et là elles se développent tout aussi bien qu'en plein air et donnent une abondante floraison, à partir du mois de juillet. En enlevant soigneusement toutes les feuilles mortes et les fleurs fanées et en arrosant copieusement et de temps en temps avec de l'engrais liquide, on obtient des plantes fleuries jusqu'au mois d'octobre, époque à laquelle on les prépare pour passer d'hiver.

2. Le groupe des Pelargonium Nosegay peut être traité de la même manière, mais seulement ne veut pas être tenu tant au sec que les Pelargonium écarlates, ni rester si longtemps dans l'obscurité.

3. Les Pelargonium d'Angleterre sont beaucoup plus difficiles à élever, car ils ne peuvent supporter en hiver une longue obscurité ni une trop grande sécheresse. On ne peut conserver une forme élégante à des plantes déjà faites qu'en les rabattant chaque année, opération qu'il faut faire une fois la floraison passée, et après avoir laissé les plantes s'aoûter pendant quelques se-

maines au grand air, en ne leur donnant que l'eau nécessaire pour empêcher les feuilles de se faner. On rogne alors très-court les jeunes pousses de l'année, en se guidant sur la forme qu'on veut obtenir. On prendra de préférence, pour boutures, des rameaux bien aoûtés et autant que possible les parties éloignées des extrémités florifères. On les taillera d'environ un décimètre de longueur avec deux ou trois yeux et droit sur un nœud ; on les enterre d'environ 2 à 3 centimètres. Il importe peu que la bouture ait des feuilles ou non, pourvu que les nœuds soient munis d'yeux, aussi bien ceux qui sont enterrés que ceux qui sont au-dessus de la surface.

Quand on a taillé les plantes, on les tient une semaine ou plus ni trop sèches ni trop humides et on leur donne ensuite de l'eau. Si on les met sur couche, il vaut mieux, au lieu d'arroser la terre dans les pots, tenir humide pendant près de quinze jours le sol sur lequel ils se trouvent. Quand les nouvelles pousses sont longues d'environ 2 centimètres, on replantera ses Pelargonium dans des pots de même grandeur environ, ou même un peu plus petits que ceux qu'ils avaient auparavant, et l'on prendra une bonne terre sablonneuse de prairie mêlée d'un peu de terreau de feuilles. Avant de rempoter, on rafraîchira les extrémités des racines trop étendues et on enlèvera toutes celles mortes ou malades. Donnez de l'eau, maintenez vos plantes dans un air renfermé et à l'abri de l'ardeur du soleil jusqu'à ce que les racines aient repris dans la nouvelle terre. Si vous les avez mises dans de plus petits pots, vous serez sans doute obligé de leur en donner de plus grands au mois de février. Ces plantes ne supportent ni taille ni pincement et fournissent alors pour le mois de juin une riche floraison. D'autres plantes plus jeunes, ou rempotées plus récemment, ou arrêtées dans leur végétation, fleurissent plus tard. Avant tout, n'oubliez pas cette règle bien connue de tous ceux qui ont élevé des Pelargonium : Plus petits sont les pots, et proportionnellement plus riche sera la floraison. Mais n'oubliez pas non plus qu'avec des pots de petite dimension l'arrosage exige beaucoup plus d'attention.

4. Les Pelargonium-fantaisie ou *Fancy-Pelargonium* peuvent être traités de la même manière, mais on ne sera pas obligé de les rabattre si court après la floraison ; par contre ils ne pourront pas non plus supporter le même degré de sécheresse que les autres espèces plus vigoureuses et douées d'une séve plus abondante. On devra aussi leur donner des pots proportionnellement beaucoup plus petits, et y mêler un peu de terre de bruyère. Les boutures de ces variétés viennent moins facilement que celles des autres groupes et ont besoin, aux mois de juillet et d'août, de l'abri d'une cloche ombragée pour faciliter la formation des racines. Les meilleures plantes proviennent de petits jets latéraux détachés au mois de mars ou d'avril, et plantés comme il vient d'être dit plus haut. On aura soin de les protéger du soleil au moyen d'un écran et de les transplanter une ou deux fois pendant le courant de l'été. Ces variétés, ainsi que les Pelargonium à grandes fleurs, donnent l'année suivante une floraison riche et hâtive, quoique moins abondante cependant que des plantes de deux ou trois ans.

5. Quelques Pelargonium fleurissent pour ainsi dire continuellement quand on leur donne suffisamment de

lumière, de chaleur et d'humidité. Tels sont le *Prince d'Orange*, *Citriodorum*, le magnifique *Floribundum* et les beaux *Unica*, parmi lesquels *Rollisson's Purple* et *Gaines' Scarlet* sont les meilleurs. On les soigne en général de la même manière et ce sont réellement, si si on leur donne les soins convenables, de belles plantes d'appartement. Seulement nos horticulteurs de chambre ne devraient jamais les multiplier en d'autres saisons que de mars en juin, non-seulement parce que c'est l'époque à laquelle les boutures prennent le mieux, mais encore parce qu'en opérant ainsi on obtient encore avant l'hiver des plantes vigoureuses. Aucune de ces variétés, à l'exception de vieux pieds de Scarlets, ne peut passer l'hiver sans recevoir largement de la lumière, de l'air et de l'eau. Les vieux Scarlets réussissent partout quand la température ne descend pas trop longtemps au-dessous de 3° R. Pour toutes les autres variétés, elle ne devra descendre qu'exceptionnellement au-dessous de 4°, et les plus fines espèces de *Fancy-Pelargonium* et les *Unica* se trouvent au mieux entre 4° et 5° R. Pendant l'hiver, quand l'air des appartements est sec, on devra tous les matins bassiner avec de l'eau tiède, mais on évitera le moindre courant d'air.

Pentstemon gentianoides. Cette espèce et ses variétés sont plus propres au balcon qu'à l'intérieur des fenêtres. Ses variétés se reproduisent assez fidèlement de semis, et la multiplication par boutures est également facile au printemps et en automne. On peut hiverner cette plante dans un endroit quelconque, frais, humide et à l'abri de la gelée. Une terre ordinaire de jardin, si elle n'est pas trop forte, lui convient parfaitement.

PETUNIA. Les variétés pourpres et claires se reproduisent assez bien de semences. On fera au mois d'avril les boutures qui devront fleurir en été. Les plantes qui doivent passer l'hiver seront mises en pots au mois de septembre. De robustes tiges de 5 à 6 centimètres donnent les meilleures boutures. On les met dans un sol sablonneux, on les couvre d'une cloche et on les abrite du soleil, ou bien on les met sous les châssis d'une couche que l'on tient bien fermés, et l'on donne de l'ombre le jour et de l'air la nuit. Une terre de jardin bien sablonneuse mêlée de terreau de feuilles leur convient le plus. Les Petunias sont du reste plus propres à la culture du jardin ou du balcon qu'à celle des fenêtres d'appartement.

PHORMIUM TENAX. Belle plante ornementale à feuilles en forme d'épée. Se multiplie facilement au printemps par éclats. Ne supporte pas la gelée et a besoin d'une terre ordinaire de jardin.

POURPIER (*Portulaca*). Semez dans les premiers jours d'avril, couvrez le pot d'un morceau de verre, et mettez-le près du fourneau jusqu'à ce que la semence lève. Donnez-lui alors place dans une fenêtre et tenez-la soigneusement fermée. Si les nuits sont fraîches, enveloppez le pot dans du papier, ou ramenez-le près du fourneau. Il faut être très-prudent pour l'arrosage, car les semis pourrissent facilement. Si les pots se sont trop desséchés, mettez-les dans l'eau pendant environ cinq minutes, pour qu'ils aient le temps de se pénétrer d'eau complétement; cela vaut mieux que de les arroser par en haut. Au mois de mai repiquez par groupe en pleine terre, vous reprendrez au mois de juin les plus belles plantes pour les tenir dans l'appartement, et vous obtiendrez, en les exposant au plein soleil, une riche et abondante floraison. La terre doit être meuble et légère. Mettez sur le pot une mince couche de sable mêlé de gravier. Les *Portulaca* craignent surtout les arrosements maladroits et les grandes pluies.

Primevère (*Primula chinensis*). Cette plante est si répandue et la méthode de la cultiver est si connue qu'il devient inutile d'en parler plus amplement. Elle se multiplie facilement de graines, d'éclats et de boutures. Il lui faut de la terre de bruyère mêlée d'un quart de vieux terreau. La température de la fenêtre lui convient parfaitement, en prenant des précautions contre les trop grands abaissements du thermomètre.

Renoncule (*Ranunculus*). On plante les bulbes en octobre et en novembre et se sert pour cela d'une terre sablonneuse de gazon. Les pots sont placés dans un endroit frais et obscur, jusqu'au moment où les pattes commencent à pousser; on les approche alors de la lumière et les préserve de la gelée. Ils vous donneront au printemps une abondante floraison dans les fenêtres de vos appartements.

Réséda (*Reseda odorata*). Pour la floraison d'hiver et du printemps, donnez à vos pots un bon drainage et semez dans une terre fraîche mêlée d'un peu de terreau. On sème fin juillet et mi-août, et de nouveau en mars. Dans le dernier cas, mettez vos pots à la fenêtre et éclaircissez vos semis aussitôt que vous pourrez les manier. Pour élever de petits Résédas arborescents, semez en petits pots au mois d'avril. Quand la graine a levé, ne conservez que la plus forte plante, et repiquez-la aussi souvent que possible dans de plus grands pots jusqu'au mois d'août. Vous attacherez alors la tige principale à une baguette mince et unie et vous rognerez tous les rameaux latéraux sur l'avant-dernier nœud, jusqu'à ce que votre plante ait atteint la hauteur voulue entre 50 centimètres et 1 mètre. Pincez également tous les boutons à fleurs jusqu'à ce qu'il se soit formé une couronne et que celle-ci se soit entièrement couverte de boutons. Il faut faire bien attention en arrosant à ce que la terre ne soit ni trop sèche ni trop humide, et donner en hiver autant d'air que la température le permet.

Roses. Les Roses des quatre saisons conviennent particulièrement à l'appartement. Il n'y a rien à dire non plus contre les Roses *thé*, *Bourbon* et *remontantes*. Ces variétés tiennent peu de place et fleurissent très-bien, même en hiver. Pour les préparer à fleurir pendant cette saison, il faut rafraîchir la taille assez vigoureusement après la Saint-Jean. On peut faire depuis le printemps jusqu'à l'automne des boutures, qui prendront parfaitement dans une bonne terre de jardin et des pots bien drainés. Après la floraison on enterre les pots dans du sable ou dans du gravier, et on les protége pendant l'hiver contre la gelée, tout en les tenant assez secs.

Salpiglossis. Les variétés de cette magnifique fleur d'été sont des plus nombreuses ; cependant quelques couleurs telles que les écarlates, les jaunes et les bleues se reproduisent assez fidèlement de semis. On sème en avril et on laisse les terrines à la fenêtre, sous cloche. Aussitôt qu'on peut prendre les jeunes plantes on les repique et on obtient en juin de jolis sujets pour orner l'intérieur de la fenêtre. Les *Salpiglossis* réussissent dans une bonne terre de jardin.

Sauge, *Salvia*. Celle qui se fait le mieux à l'air de

nos chambres est le *Salvia splendens* (écarlate) au riche feuillage et le *S. patens* (bleue). La première s'obtient facilement de semis au printemps pour arriver à fleurir, au moyen de pincements, en même temps que les Chrysanthèmes, pendant les premiers mois de l'hiver. Après la floraison, on les rabat vigoureusement et les tient à l'abri de la gelée, et au mois de mai on les met au grand air. Si pendant l'été on fait quelques pincements et qu'on leur donne des pots de grandeur suffisante avec de l'eau en abondance, on obtient pour le mois de septembre des plantes touffues et vigoureuses. Le *S. patens* peut être également élevée de boutures, mais mieux de semis, qu'on fait au mois d'avril et qu'on met sous cloche. On repique en pots et la plante fleurit pendant l'été. Elle laisse une petite grappe de bulbilles qu'on hiverne au sec et à l'abri de la gelée et qui donnent l'année suivante une riche floraison. Il n'est guère de plus beau bleu que celui du *Salvia patens*, et la teinte des *Delphinium formosum* et *Hendersonii* n'en a ni la richesse ni l'éclat.

Saxifrage (*Saxifraga sarmentosa*). Plantez dans un mélange de terre tourbeuse grossière, de sable et de terre de jardin. Quand la plante sera devenue forte, placez le pot avec sa soucoupe dans une lampe que vous suspendrez dans la fenêtre. On laisse retomber les coulants par-dessus le bord, et plus il se forme de générations sur les fils, plus le coup d'œil en est beau. Chaque coulant donne une nouvelle plante. Elle n'exige d'autres soins que d'être protégée de la gelée.

Schizanthe (*Schizanthus retusus* et *porrigens*). Ces deux espèces sont peut-être, de toutes celles que nous venons de citer, les plus propres à la culture des appartements. Pour orner un balcon, semez dans la première semaine d'avril; pour la chambre, semez en septembre, mettez vos plantes dans de petits pots et faites-leur passer l'hiver dans un endroit clair et aéré, en tenant la terre plutôt sèche qu'humide. Au mois de mars on donne de plus grands pots et met trois ou quatre plantes dans un pot de 18 à 24 centimètres dans une terre sablonneuse de jardin, riche et légère; donnez un bon drainage et veillez à ne pas trop arroser avant que les racines aient bien repris dans le nouveau pot. Au mois de juin, ou même plus tôt, vous aurez des masses de fleurs. Pour faire vos semis d'automne, choisissez les plus belles capsules et jetez le reste.

Scille (*Scilla*). Le charmant *Scilla hyacinthoides* est peut-être la meilleure variété pour l'appartement; mais les autres sont également très-propres à cette culture, et les soins qu'ils exigent se réduisent à ne pas les laisser manquer d'eau pendant la période de végétation, et à tenir les oignons au sec pendant la saison de repos.

Sedum. Toutes les espèces de *Sedum* sont rustiques. Le *S. Sieboldii* et ses variétés sont ceux qui font le plus d'effet dans les fenêtres et méritent d'être utilisés. Les *S. roseum*, *repens* etc. s'enracinent facilement sur des amas de pierres et des troncs d'arbres et se prêtent parfaitement à la décoration des petits rochers de tuff dont on orne les appartements.

Sensitive (*Mimosa pudica*). Il est difficile d'élever la Sensitive dans les appartements. Cependant si l'on a quelque ami qui dispose d'une couche, on pourra y faire un semis au mois d'avril. Une fois que la plante se sera un peu fortifiée, on pourra la tenir à la fenêtre depuis le milieu du mois de juin jusqu'à la mi-septembre, et elle pourra devenir pour vous une source de récréations et d'observations intéressantes.

SENEÇON (*Senecio elegans*). On sème de bonne heure en terrines, on repique les jeunes plantes et on les empote avec une terre sablonneuse, mais substantielle de jardin, et à la fin du mois de mai on les met à l'extérieur de la fenêtre.

SILÈNE (*Silene*). Plante d'un aspect des plus gracieux et d'un port peu élevé. Semée de bonne heure sous cloche et repiquée en pots, elle fleurit déjà au commencement de l'été. Les *Silene speciosa* sont un peu délicats, mais s'élèvent bien dans la fenêtre. Les *S. ocimoides*, *procumbens* et *repens* sont de magnifiques plantes pour l'ornement des vases d'un balcon.

SOLLYA HETEROPHYLLA. Bouquet nain, compacte, à fleurs bleuâtres, facile à obtenir de semis dans une bonne terre de jardin mêlée de terre de bruyère. En hiver il faut éviter la gelée et tenir au sec.

SPARAXIS. On peut dire des *Sparaxis* ce qui a été dit des *Ixia*. Le *Sparaxis bicolor*, *versicolor* et les variétés du *S. tricolor* conviennent parfaitement à la culture des appartements et fleurissent dès les premiers jours d'avril.

SPRENGELIA INCARNATA. Cette charmante espèce aux fleurs d'un rose carné, assez semblable aux *Epacris*, réussit dans un appartement qui n'est ni trop chaud ni trop fermé. Un bon air et une température de 2° à 3° R. la maintiennent en parfaite santé. Après la fleur, en mai ou juin, il faut la rabattre et la tenir quelque temps dans un endroit fermé et ombragé, et ensuite la mettre à l'air sous l'abri jusqu'au mois de septembre. On choisit pour faire des boutures, qui reprennent très-bien sous cloche, des pousses latérales courtes et vigoureuses.

STAPELIA. Toutes les espèces de ce genre, qui se relie aux *Mesembrianthemum* et aux autres plantes grasses, se couvrent de fleurs qui sont charmantes, tant qu'on ne les met pas sous le nez ; mais leur forte odeur putride force de les éloigner de la chambre aussitôt qu'elles fleurissent. Une terre sablonneuse mêlée de vieux mortier de chaux et de fumier de vache bien consommé leur convient mieux que tout autre compost. On ne peut leur donner trop de soleil ni de chaleur en été. Il faut par contre leur donner beaucoup d'eau et diminuer vers l'automne. Même en hiver, malgré la sécheresse de l'air des appartements, on ne donne point d'eau et on maintient la température entre 3° et 8° R.

STATICE (*Statice*). On a vu des *Statice imbricata* et *pseudo-armeria* donner une assez belle floraison à la fenêtre, mais ces plantes exigent en général un air plus régulièrement renouvelé que celui qui pénètre entre les fenêtres. On les multiplie par boutures et par éclats, et les tient dans une terre légère et sablonneuse de jardin.

TIGRIDIE (*Tigridia*). Magnifique Iridée, mais plus propre au jardin et au balcon qu'à la chambre. Chaque fleur ne dure guère qu'une demi-journée, ou tout au plus un jour, mais elle est remplacée par d'autres qui se succèdent assez longtemps. Les bulbes sont conservés au sec et à l'abri de la gelée pendant l'hiver ; on les plante au mois d'avril.

TRITONIA. On les traite en général comme les *Ixia*. Ce sont de jolies plantes bulbeuses de 30 à 60 centimètres de hauteur et fort recommandables. Choisissez les *T. aurea*, *concolor*, *flava*, *odorata* et *rosea*.

Veltheimia. Le *V. intermedia* fleurit au printemps et le *viridiflora* en automne. Leurs oignons réussissent bien dans une terre sablonneuse de jardin ; ils ont besoin de beaucoup d'eau pendant la période de végétation, mais il faut diminuer quand les feuilles commencent à se faner, et cesser complétement quand la végétation s'arrête. Pendant la période du repos, on les tiendra à l'abri de la gelée.

Verveine (*Verbena*). On obtient facilement de semis les variétés de cette plante aujourd'hui à la mode. On reproduit de boutures celles qui ont le plus de mérite. Elles reprennent très-bien sous cloche et en tout temps, excepté pendant les mois d'hiver. Pour avoir des plantes fleuries de bonne heure, au jardin comme dans la chambre, on coupe pendant le mois d'août, à ras de la tige, de petites pousses latérales de 4 à 6 centimètres de longueur. Après avoir enlevé les feuilles inférieures, on passe ses boutures à une fumigation de tabac, en les tenant par le bas de la tige, afin de faire périr les petits insectes qui peuvent y être logés. On les plante alors à un pouce de distance dans des terrines bien drainées et dans une terre sablonneuse, sur laquelle on a répandu quelques millimètres de sable fin. Si l'on n'a pas de sable fin, on couvre d'une cloche. Aussitôt qu'elles ont pris racine, on donne de l'air, d'abord peu, puis toujours davantage. Si la fenêtre où l'on tient ses terrines est fraîche, il est nécessaire de soulever un peu les cloches la nuit pour les rabattre le jour. Si tous ces soins paraissent trop longs, on pourra prendre les extrémités des plantes en pleine végétation et on les couchera dans de petits pots, où on les maintiendra dans leur position au moyen de petites pierres, jusqu'au moment où elles auront repris racine. On les mettra alors dans des pots de 18 à 20 centimètres. De semblables sujets sont plus vigoureux et plus faciles à hiverner que de vieux pieds ; il ne faudra cependant pas les laisser à l'air trop tard en octobre, de crainte d'être surpris par la gelée.

Si l'on a pendant l'hiver une place suffisante, munie d'une fenêtre et d'un fourneau pour pouvoir chauffer au besoin, on conservera ses Verveines tout aussi bien qu'un jardinier ; car on peut, dans ce cas, leur donner de l'air suivant leurs besoins et les préserver de la gelée. Il est néanmoins très-difficile de les conserver dans une chambre habitée, où elles sont exposées à des changements continuels de température et où elles souffrent d'un air chaud et trop sec. On a vu chez un amateur, au mois de février, une grande quantité de ces plantes disposées sur une table près de la fenêtre et d'une beauté dont se serait enorgueilli un jardinier de profession. Pendant les nuits froides, la personne en question ramenait la table au milieu de la chambre. Si le froid augmentait, elle y plaçait quelques bouteilles pleines d'eau bouillante, et ne fut obligée d'allumer le fourneau qu'une seule fois. Le seul soin qu'elle prenait était de voir si le thermomètre descendait trop au-dessous de zéro. On peut hiverner bien des plantes de la même façon.

Violette (*Viola odorata*). La variété double de Russie, la variété arborescente, la *Brandyana* panachée rouge et blanc et la Violette de Naples sont les meilleures pour la fenêtre et le balcon. Au mois de mai, quand le plus grand éclat de la floraison est passé, on dépote ses plantes et on les sépare de manière à laisser à chaque pied un tissu suffisant de racines. On repique les petites plantes que l'on a ainsi obtenues sur une couche bien fumée et bien aérée à une distance qui peut varier de 18 à 36 centimètres entre elles. On choisit de préférence un endroit exposé à l'ouest (plus tard à l'est) plutôt qu'une situation au couchant. On arrose après la plantation et on répète les arrosements aussi souvent qu'il est nécessaire. Si l'araignée rouge apparaît, on arrose plus souvent et on saupoudre de fleur de soufre. Quand les plantes commencent à végéter, il se développe un grand nombre de fils, qu'il faut enlever soigneusement pour concentrer toute la force dans la couronne de verdure qu'il s'agit d'obtenir. On tiendra le sol bien meuble et libre de toute mauvaise herbe. De cette manière on aura au mois de septembre de jolies plantes, compactes, vigoureuses et garnies de boutons. On les mettra avec soin dans des pots de 18 centimètres avec une terre riche, légère et argileuse de jardin. Si on ne les met à la fenêtre qu'à la fin d'octobre, dans une température de 6° à 7° C., on ne tardera pas à savourer leur parfum délicieux. Si l'on a un endroit à l'abri de la gelée où l'on puisse tenir une certaine provision de ces plantes, on peut se procurer cet agrément pour tout l'hiver. Mais si on les tient dans l'atmosphère sèche et brûlante de la chambre, tous les soins sont inutiles, et même dans l'endroit qui convient le mieux à leur développement, il faut leur donner autant d'air que l'on pourra et bassiner le feuillage avec un peu d'eau tiède quand il fera un peu de soleil.

VOLKAMERIA JAPONICA. Cette plante, si recherchée par son parfum, désignée par les savants sous le nom de *Clerodendron fragans*, exige une terre substantielle composée de sable et de terre de jardin argileuse, beaucoup d'eau et un pot bien drainé. Si la floraison se produit bien, il faudra donner souvent de l'air et arroser parfois avec de l'eau dans laquelle on aura détrempé du fumier de vache ou de l'orge germé. Au printemps on transplante et on rafraîchit les branches et les racines. On peut multiplier d'éclats ou de boutures.

TABLE DES MATIÈRES.

CHAPITRE PREMIER.

www.ingramcontent.com/pod-product-compliance
Lightning Source LLC
LaVergne TN
LVHW050424160826
845677LV00002BA/527

* 9 7 8 2 3 2 9 6 9 5 7 7 8 *